U0180848

高等职业教育工程管理类专业 BIM 应用系列教材

市政工程建模

袁建新　系列教材总主编

谢嘉波　主　编

徐　昕　胡　铂　副主编

谢　华　主　审

中国建筑工业出版社

图书在版编目（CIP）数据

市政工程建模/谢嘉波主编. —北京：中国建筑
工业出版社，2021.9
高等职业教育工程管理类专业 BIM 应用系列教材
ISBN 978-7-112-26462-9

Ⅰ. ①市… Ⅱ. ①谢… Ⅲ. ①市政工程-计算机辅助
设计-应用软件-高等职业教育-教材 Ⅳ. ①TU99-39

中国版本图书馆 CIP 数据核字（2021）第 160049 号

　　随着 BIM 技术在我国建设工程领域的迅速推广，掌握建模技术对于高职市政工程技术和工程管理等相关专业学生十分必要。《市政工程建模》教材在编写过程中经过反复推敲和修改，在内容上争取做到简洁易懂，精益求精。教材在讲述建模相关操作的同时，还加入相关内容，让学生了解建模完成后，模型的价值和相关管理、审核制度。

　　本教材共分 6 章：第 1 章 市政工程项目基础常识；第 2 章市政工程 BIM 应用概述；第 3 章市政工程 BIM 建模软件概述；第 4 章 Revit 软件在市政路桥项目中的操作；第 5 章市政工程 BIM 建模管理及审核制度；第 6 章综合实训。教材中根据实际需要加入了大量数字资源，可通过手机扫码观看，资源情况详见教材数字资源清单。

　　为更好地支持本课程的教学，我们向选用本教材的教师提供教学课件，需要者可发送邮件至 cabpkejian@126.com 免费索取。

责任编辑：吴越恺　张　晶
责任校对：芦欣甜

高等职业教育工程管理类专业 BIM 应用系列教材

市政工程建模

袁建新　系列教材总主编

谢嘉波　主　编

徐　昕　胡　铂　副主编

谢　华　主　审

*

中国建筑工业出版社出版、发行（北京海淀三里河路 9 号）

各地新华书店、建筑书店经销

霸州市顺浩图文科技发展有限公司制版

北京京华铭诚工贸有限公司印刷

*

开本：787 毫米×1092 毫米　1/16　印张：12¼　字数：307 千字
2021 年 9 月第一版　　2021 年 9 月第一次印刷
定价：**38.00** 元（赠教师课件）
ISBN 978-7-112-26462-9
(37106)

版权所有　翻印必究
如有印装质量问题，可寄本社图书出版中心退换
（邮政编码 100037）

序　言

相对于 BIM 技术在工程设计和指导施工应用方面的成熟程度来说，工程管理中的 BIM 技术应用正处在一个起步阶段，这是由工程管理的复杂性所决定的。

BIM 技术在工程管理上的应用，要求 BIM 工程管理软件必须在传统管理方法的基础上设计，因为 BIM 不是管理方法，而是有助于实现管理现代化的工具。

"建筑信息模型"是 BIM 基础性的核心技术。一般从设计到施工，BIM 技术的应用都是建立在"建筑信息模型"应用的基础上，工程管理也是一样。所以，我们要熟悉建模的方法，最好通过建一个简单的模型来熟悉和理解建筑信息模型的本质特征，这样才能真正掌握工程管理 BIM 应用软件的核心内容与使用方法。

BIM 技术应用的复杂性是由工程项目管理的复杂性决定的，所以必须掌握好传统工程管理方法与理论，才能真正掌握好 BIM 技术在工程管理中的应用方法。先学好、掌握好传统工程管理理论与方法，是学好 BIM 技术在工程管理中应用的前提条件。

在现阶段，要让学生掌握 BIM 技术在工程管理中应用的方法，就要通过学习建模方法和使用好工程管理类 BIM 应用软件的途径来实现。所以，我们策划、组织了全国高职院校中，在工程管理类专业教学、实践经验方面有丰富 BIM 技术应用经验的教授、高级工程师编写了这套"高等职业教育工程管理类专业 BIM 应用系列教材"，旨在帮助学生学习相关知识的同时，掌握"建筑信息模型（BIM）职业技能等级证书"考核的内容，取得"1＋X"职业技能等级证书，真正做到"课证融通"。

BIM 技术在工程管理的应用处于快速发展之中，"建筑信息模型（BIM）职业技能等级证书"考核的内容在不断完善之中，我们会及时跟进变化，完善教材内容，更好地为学生顺利取得"1＋X"证书、真正掌握实用技能服务。

高等职业教育工程管理类专业 BIM 应用系列教材编写委员会
2020 年 7 月

前　言

本教材编写团队从 2017 年开始动笔编写《市政工程建模》，整整两年的时间，我们不断地修改和调整，因为参编的成员主要来自工程咨询、现场生产一线，具备较强的现场经验和管理能力，但是如何将专业知识融入教材，真正实现助教助学，需要我们深入思考。所以我们在编写的过程做过两次大的调整：第一次，原有思路就是"开始打开建模软件，翻开图纸干活的想法"，难免编写得枯燥无味。随后，2017 年底调整思路去揣摩读者的需求，注重思路梳理配套操作练习。第二次争论和调整，是否要增加市政 BIM 应用的具体阐述，如果还像其他工具书籍只是描述怎么建模，而不去讲解建立完模型有什么用，这本教材的价值也会大打折扣，所以我们还是积极保留了这部分内容。

本教材从不同的角度去理解会有不同的收获，对于市政工程技术专业的学生来讲，可以收获如何从平面图纸建立成三维实体模型，掌握各个主要构件的基本建模方式。对于市政企业 BIM 团队而言，可以按照本书阐述的建模管理和审核制度，完善整个模型生产的过程。对于现场一线生产管理人员，可以了解具体的模型生产过程中，具体填写的信息以及模型完成后具体的应用价值。

2019 年 4 月，在完善本书的过程中，教育部、国家发展改革委、财政部、市场监督总局联合印发《关于在院校实施"学历证书＋若干职业技能等级证书"制度试点方案》等文件，要求将建筑信息模型（BIM）职业技能作为首批建设内容。所有参编人员就更加坚定，将本教材各个技能点作为重点编写。

本教材共分 6 章，第 1 章市政工程项目基础常识，主要介绍行业基础知识，重点介绍桥梁工程、道路工程、隧道工程各个构件组成，用搭"乐高玩具"的方式讲解常见项目的构件组成。第 2 章市政工程 BIM 建模应用概述，依据各个省市的 BIM 应用要求，完善建立 BIM 模型的作用，以及后续工作过程中现场管理、项目进度、质量等方面的 BIM 应用和目标。第 3 章 BIM 建模软件概述，"工欲善其事，必先利其器"，对市面上各种市政建模软件工具予以介绍。更加重要的是介绍项目建模的基本设置如命名、精度、模式的基本要求。第 4 章 Revit 软件在市政路桥项目中的操作，就是具体讲解建模的基本流程、方法和实战。第 5 章市政工程 BIM 建模管理及审核制度，重点是要有方法、有制度地去执行建模生产这一过程。第 6 章综合实训，更多地是从多人协作来完成项目建模工作、编制计划和提交成果去论述。

本教材由鲁班软件股份有限公司谢嘉波主编，徐昕、胡铂任副主编。张洪军、魏茂文、邢轩萌、许晓星、孙显状、李文超、武鹏飞、汤小乐、邓小容、杨杰参与编写。

由于作者水平有限，教材中错漏之处在所难免。各位读者在阅读和练习的过程中遇到错误和建议，也请积极反馈给我们，我们会在后续的出版过程中进行修改。真心期望读者通过阅读能够在学习和工作中得到收获。

目　　录

1 市政工程项目基础常识

知识要点及目标

（1）熟悉市政项目的基本概念、基本分类；

（2）通过 BIM 模型拆分，掌握常见的市政项目基本组成结构。

1.1 市政工程项目的类型

1.1.1 桥梁工程

桥梁是供铁路、公路、渠道、管线跨越河流、山谷或其他障碍并具有承载力的架空构筑物。桥梁结构有拱、索、梁三大基本受力体系，按照受力情况可分为梁式桥、拱式桥、斜拉桥、悬索桥四种基本体系及其组合体系梁桥。一般桥梁主要由上部结构、下部结构、支座系统、附属结构四部分组成。

（1）梁式桥

梁式桥是指一种在竖向荷载作用下无水平反力的结构，梁式桥的特点是其桥跨的承载结构由梁组成，制造和架设均方便，使用广泛，在桥梁建筑中占有很大比例。

根据承载结构体系分类，梁式桥的类型有简支梁桥（图 1-1）、连续梁桥（图 1-2）、双悬臂梁桥（图 1-3）、T 形钢架桥（图 1-4）。

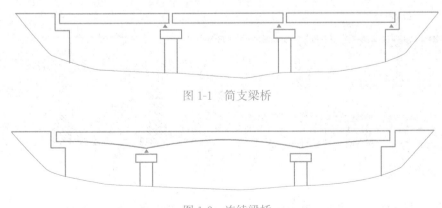

图 1-1 简支梁桥

图 1-2 连续梁桥

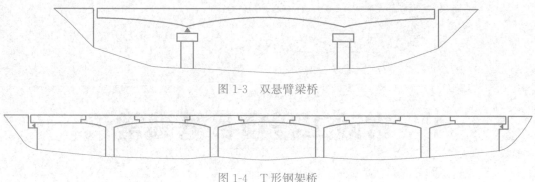

图 1-3 双悬臂梁桥

图 1-4 T 形钢架桥

根据承载结构的截面形式分类,梁式桥的截面类型有板式截面(图 1-5)、肋梁式截面(图 1-6)、箱形截面(图 1-7)。

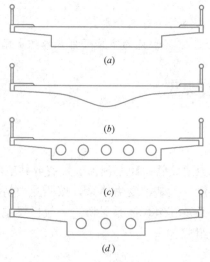

图 1-5 板式截面
(a) 带悬臂的矩形实心板;(b) 波形板;(c)、(d) 带悬臂的空心板

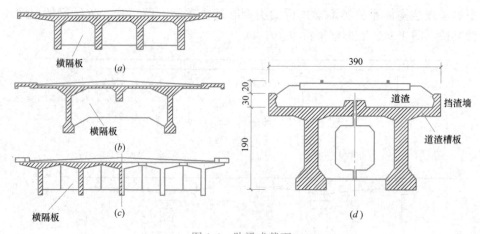

图 1-6 肋梁式截面
(a)、(b) 公路 T 梁(整体式);(c) 公路 T 梁(装配式);(d) 铁路 T 梁

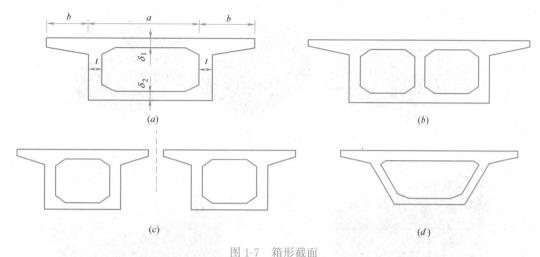

图 1-7　箱形截面

（a）单箱单室；（b）单箱双室；（c）双箱单室；（d）斜腹板箱梁

　　梁式桥是我国最早出现的桥型，最原始的梁桥为独木桥，经过不断演变，现代化的梁式桥具备了其他类型桥梁的基本组成特征，主要由桥跨结构、支座系统、桥墩、桥台、基础等组成，下面以单箱单室箱形截面的连续梁桥为例，讲解其基本构件组成情况（图 1-8～图 1-13）。

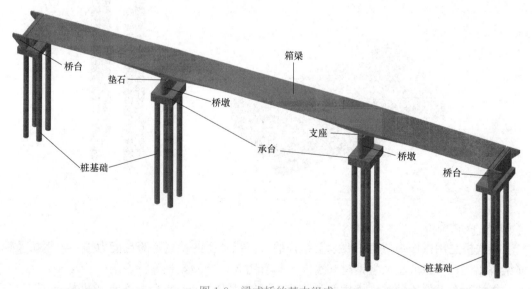

图 1-8　梁式桥的基本组成

图 1-9　上部结构（桥跨结构）：箱梁

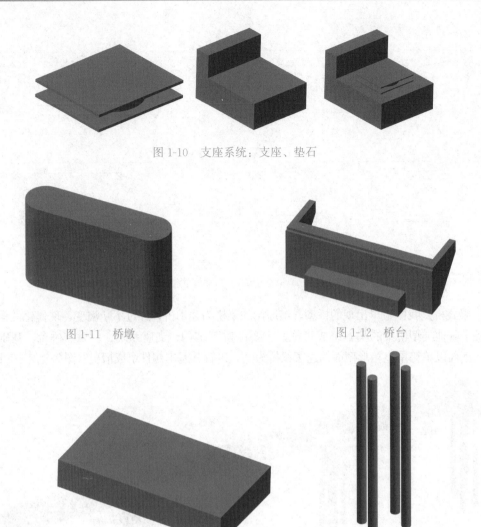

图 1-10　支座系统：支座、垫石

图 1-11　桥墩　　　　　　　　　　　图 1-12　桥台

图 1-13　基础（承台、桩基础）

（2）拱式桥

拱式桥是用拱作为桥身主要承重结构的桥。拱式桥的特点是跨越能力强，与钢桥及钢筋梁桥相比，可以节省大量钢材和水泥，具有耐久、外形美观等特点。

根据行车道位置分类，拱桥的类型有上承式拱桥（图 1-14）、下承式拱桥（图 1-15）和中承式拱桥（图 1-16）。

图 1-14　上承式拱桥

图 1-15　下承式拱桥

根据拱上建筑分类，拱桥的类型有实腹式拱桥（图1-17）及空腹式拱桥（图1-18）。

图1-16　中承式拱桥

图1-17　实腹式拱桥

图1-18　空腹式拱桥

根据主拱截面形式分类，拱桥的类型有板拱桥、肋拱桥、双曲拱桥、箱形肋拱桥（图1-19）。

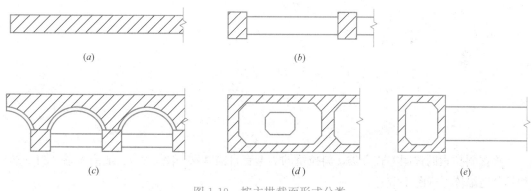

图1-19　按主拱截面形式分类

（a）板拱；（b）肋拱；（c）双曲拱；（d）箱形板拱；（e）箱形肋拱

拱式桥在我国历史悠久，因其形态美、造价低、承载潜力大而得到广泛应用。拱式桥由拱圈或拱肋、拱脚、吊杆等基本构件组成，下面以单箱双室箱形截面的下承式拱桥为例，讲解其基本组成情况（图1-20）。

（3）斜拉桥

斜拉桥又称斜张桥，是将主梁用许多拉索直接拉在桥塔上的一种桥梁，是大跨度桥梁最主要的桥型，具有建筑高度低，结构重量轻，节省材料等特点。

根据塔、梁、墩的连接方式分类，斜拉桥的类型有悬浮体系（图1-21）、半悬浮体系（图1-22）、塔梁固结体系（图1-23）和刚构体系（图1-24）。

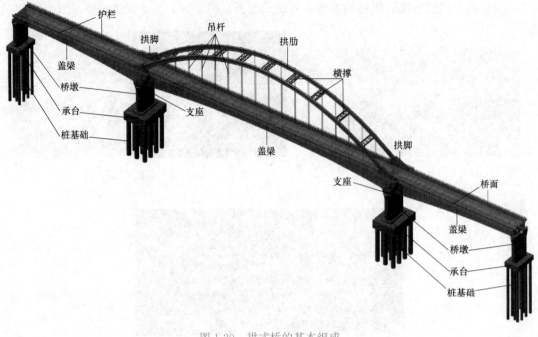

图 1-20 拱式桥的基本组成

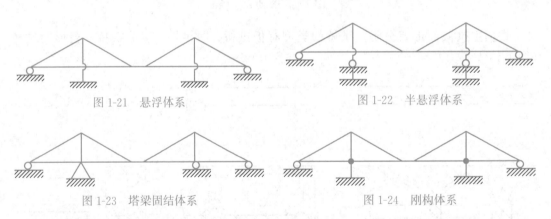

图 1-21 悬浮体系　　　　　　　　图 1-22 半悬浮体系

图 1-23 塔梁固结体系　　　　　　图 1-24 刚构体系

根据斜拉索的锚固方式分类，斜拉桥的类型有自锚体系（图 1-25）、地锚体系（图 1-26）和部分地锚体系（图 1-27）。

根据斜拉索常见纵向布置形式分类，斜拉桥的类型有辐射形、竖琴形、扇形、不对称形（图 1-28）。

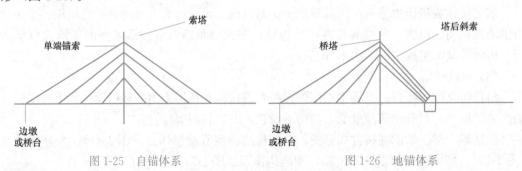

图 1-25 自锚体系　　　　　　　　图 1-26 地锚体系

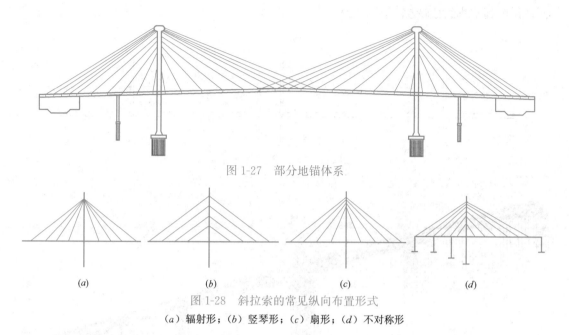

图 1-27　部分地锚体系

图 1-28　斜拉索的常见纵向布置形式

（a）辐射形；（b）竖琴形；（c）扇形；（d）不对称形

　　根据塔的数量分类，斜拉桥的类型有独塔双跨斜拉桥（图 1-29）、双塔三跨斜拉桥（图 1-30）和多塔多跨斜拉桥（图 1-31）。

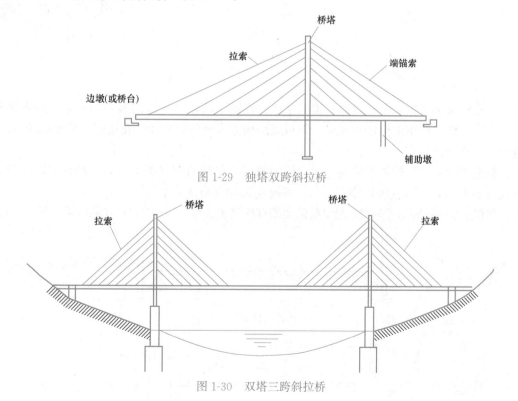

图 1-29　独塔双跨斜拉桥

图 1-30　双塔三跨斜拉桥

　　斜拉桥作为现代化桥梁的主力结构，正朝着结构多样化、轻型化、新颖化快速发展。斜拉桥主要由索塔、斜拉索、基本构件等组成。下面以自锚式独塔双跨的扇形斜拉桥为例，讲解其基本组成情况（图1-32）。

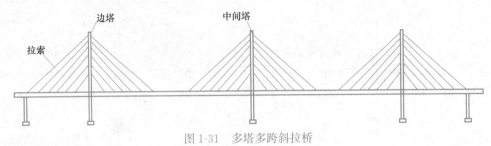

图 1-31　多塔多跨斜拉桥

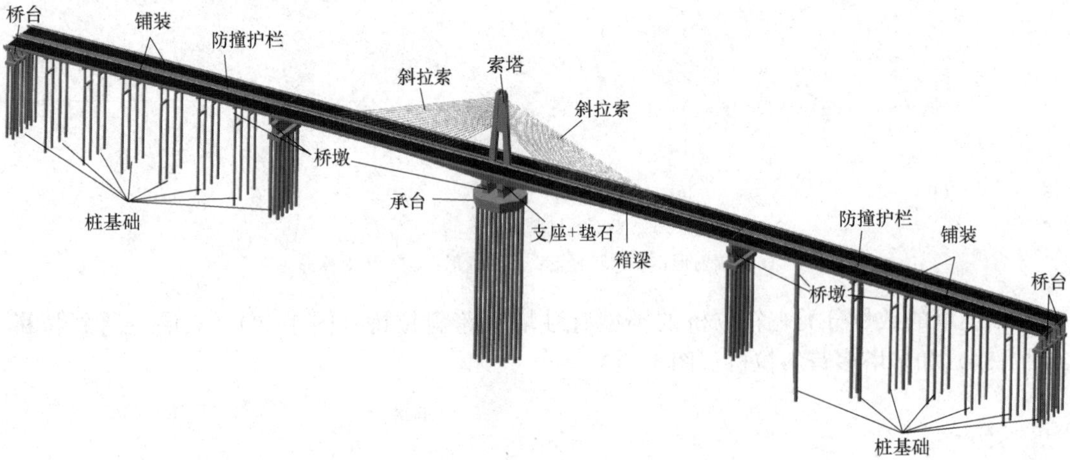

图 1-32　斜拉桥的基本组成

（4）悬索桥

悬索桥又称吊桥，是指以通过索塔悬挂并锚固于两岸（或桥两端）的缆索（或钢链）作为上部结构主要承重构件的桥梁。其桥梁结构方式灵活，可建造在比较深或水流较急的地方，以便容许船在下面通行。

根据加劲梁的结构体系分类，悬索桥的类型有单跨两铰（图1-33）、双跨两铰、三跨两铰（图1-34）、三跨连续（图1-35）、多跨连续和自锚式体系等。

根据主缆的锚固形式分类，悬索桥的类型有地锚式（图1-36）与自锚式悬索桥（图1-37）。

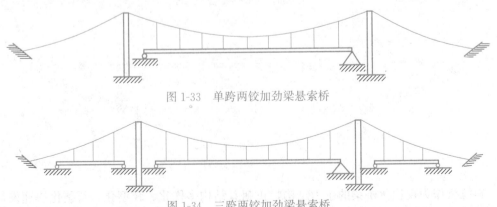

图 1-33　单跨两铰加劲梁悬索桥

图 1-34　三跨两铰加劲梁悬索桥

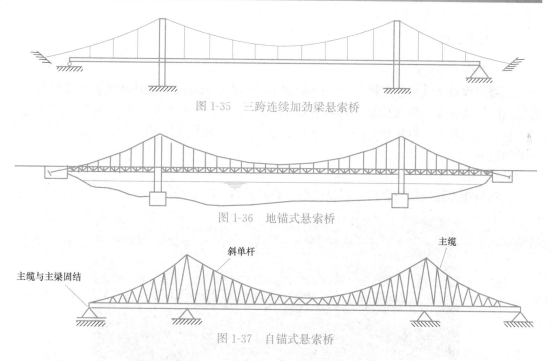

图 1-35 三跨连续加劲梁悬索桥

图 1-36 地锚式悬索桥

图 1-37 自锚式悬索桥

悬索桥是特大跨径桥梁的主要形式之一，悬索桥主要由悬索、索塔、锚碇、吊杆、基本构件等组成，下面以地锚式的三跨两铰加劲梁斜拉桥为例，讲解其基本组成情况（图1-38）。

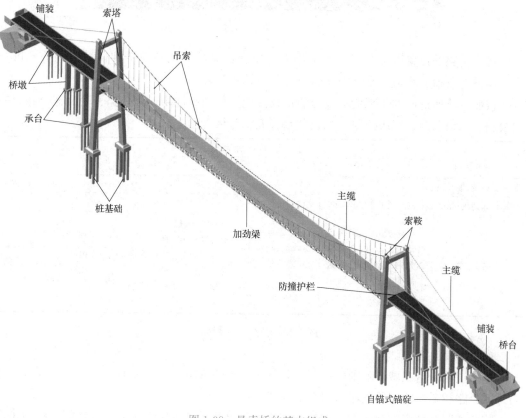

图 1-38 悬索桥的基本组成

1.1.2　道路工程

（1）道路工程简介

道路工程是指供各种无轨车辆和行人通行，并具有一定技术条件和设施的基础设施。根据道路所处位置、交通性质、使用特点进行划分，可分为公路、城市道路、专用道路等。在一定区域内，由各种道路组成的相互连接、交织成网状分布的道路系统就是我们常说的道路网。

（2）公路

公路是指连接城市与乡村主要供汽车行驶的道路（图1-39）。

图1-39　公路

按照公路的位置以及在国民经济中的地位和运输特点的行政管理体制来划分，可分为：国道、省道、县道、乡（镇）道及专用公路等几种。

按照公路所适应的年平均昼夜交通量及其使用任务和性质，将公路分为高速公路、一级公路、二级公路、三级公路、四级公路等五个等级（图1-40）。

公路等级划分（功能型）											
公路等级	高速公路				一		二		三		四	
适应交通量（辆/昼夜）	25000～100000				15000～30000		3000～7500		1000～4000		200～1500	
计算行车速度（km/h）	120	100	80	60	100	60	80	40	60	30	40	20
主要功能	主要用于连接政治、经济、文化上重要的城市和地区，是国家公路干线网中的骨架				主要连接重要政治、经济中心、通往重点工矿区，是国家的干线公路		主要连接政治、经济中心或大工矿区等地的干线公路，或运输繁忙的城郊公路		主要沟通县及县以上城镇的一般干线公路		主要沟通县、乡、村等的支线公路	

图1-40　公路等级划分

（3）城市道路

城市道路是指在城市范围内供车辆和行人通行的道路，连接着城市各个组成部分，并与郊区公路相贯通的交通枢纽（图1-41）。

按照道路在城市道路网中的地位、交通功能以及对沿线建筑物的服务功能，将城市道

图 1-41　城市道路

路分为快速路、主干路、次干路、支路。

根据城市规模、规划交通量和地形等因素，除快速路外，各类道路划分为Ⅰ、Ⅱ、Ⅲ级（图 1-42）。

项目类别	级别	设计速度（km/h）	双向机动车车道数（条）	机动车道宽度（m）	分隔带设置	采用横断面形式
快速路		80,60	≥4	3.75	必须设	双、四幅
主干路	Ⅰ	60,50	≥4	3.75	应设	单、双、三、四
	Ⅱ	50,40	3~4	3.75	应设	单、双、三
	Ⅲ	40,30	2~4	3.75,3.5	可设	单、双、三
次干路	Ⅰ	50,40	2~4	3.75	可设	单、双、三
	Ⅱ	40,30	2~4	3.75,3.5	不设	单
	Ⅲ	30,20	2	3.5	不设	单
支路	Ⅰ	40,30	2	3.5	不设	单
	Ⅱ	30,20	2	3.5	不设	单
	Ⅲ	20	2	3.5	不设	单

图 1-42　城市道路等级划分

（4）专用道路

专用公路是指由企业或者其他单位建设、养护、管理，专为或者主要为本企业或本单位提供运输服务的道路（图 1-43）。

（5）道路工程的基本组成

无论道路工程按哪种性质分类，其基本的组成都分为线形（几何）组成和结构组成。道路线形组成是指道路中线的空间几何形状和尺寸，投影成道路的平面图、纵断面图和横断面图。道路工程结构组成一般分为路基、垫层、基层和面层四个部分。高级道路的结构由路基、垫层、底基层、基层、联结层、面层六部分组成（图 1-44）。

图 1-45 以某道路为例，介绍其基本的结构组成情况。

图 1-43　专用道路

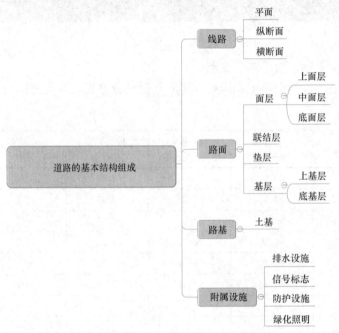

图 1-44　专用道路

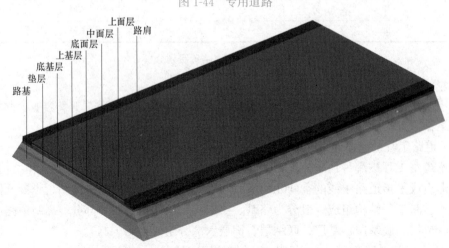

图 1-45　道路的基本组成

1.1.3 隧道工程

（1）隧道工程简介

隧道是埋置于地层内的工程建筑物，是人类利用地下空间的一种形式。用于改善公路线型、节省占地、节省工程投资有着重要意义，特别是在山区高速公路隧道修建短隧道中，有着较大的优势。

根据隧道的长度分类，隧道的类型有短隧道、中长隧道、长隧道、特长隧道（图1-46）。

从隧道的长度分

特长隧道
（铁路隧道规定：$L>10000$m；公路隧道规定：$L>3000$m）

长隧道
（铁路隧道规定：$3000<L\leqslant10000$m；公路隧道规定$1000<L\leqslant3000$m）

中长隧道
（铁路隧道规定：$500<L\leqslant3000$m；公路隧道规定：$500<L\leqslant1000$m）

短隧道
（铁路隧道规定：$L\leqslant500$m；公路隧道规定：$L\leqslant500$m）

图1-46　按隧道长度分类

根据隧道的用途分类，隧道的类型有交通隧道、市政隧道、矿山隧道和水工隧道，而这些隧道中交通隧道是为数最多的一种，其中包括铁路隧道、公路隧道、水底隧道、人行地道、地下铁道、航运隧道等，他们的作用是提供运输地下通道（图1-47～图1-52）。

图1-47　交通隧道-公路隧道

图1-48　交通隧道-铁路隧道

（2）隧道的基本组成

隧道工程按不同的结构组成或用途等进行划分有多种形式，但其基本都由主体构造物与附属构造物组成。支护结构是为了保持围岩稳定性进行的支护和衬砌。隧道净空是指隧道衬砌的内轮廓线所包围的空间。建筑限界是建筑物不得侵入的一种限界。洞门是隧道洞口用圬工砌筑并加以建筑装饰的支挡结构物（图1-53）。

图1-54以某公路隧道为例，介绍其基本的结构组成情况。

图1-49　交通隧道-人行地道

图1-50　市政隧道-给水隧道

图1-51　水工隧道

图1-52　矿山隧道

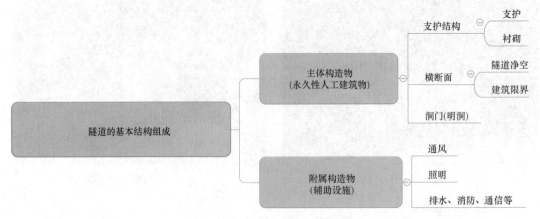

图1-53　隧道的基本结构组成

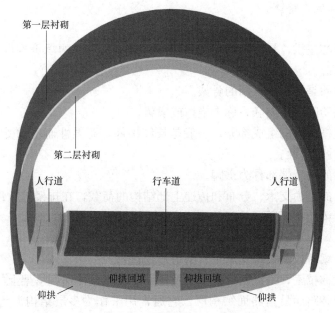

第一层衬砌

第二层衬砌

人行道　行车道　人行道

仰拱回填　仰拱回填

仰拱　仰拱

图 1-54　隧道的基本组成

1.2　市政工程项目的专业术语

要点及目标

掌握市政工程项目的基本术语。

1.2.1　桥梁工程

（1）梁式桥

1）组合梁桥：指以梁式桥跨作为基本结构的组合结构桥，即两种以上体系重叠后，整体结构的反力性质仍与以受弯作用负载的梁的特点相同。

2）上部结构：桥梁支座以上的部分称之为上部结构或桥跨结构。

3）下部结构：桥梁支座以下或无铰拱拱轴线和固结框架底线以下部分。

4）箱梁：桥梁工程中梁的一种，内部为空心状，上部两侧有翼缘，类似箱子，因而得名。

5）桥台：位于桥梁两端，支承桥梁上部结构并和路堤相衔接的建筑物。

6）支座：上部结构与下部结构之间的传力和连接装置，上部荷载通过它传给墩台。

7）桥墩：在两孔和两孔以上的桥梁中除两端与路堤衔接的桥台外其余的中间支撑结构称为桥墩。

8）承台：建筑在桩基上的基础平台。平台一般采用钢筋混凝土结构，起承上启下的作用，把墩身荷载传到基桩上。

9）桩基础：由若干根桩和承台两部分组成，在平面上可排列为一排或几排，所有桩的顶部都由承台连成一整体。

（2）拱式桥

1）拱圈：简称主拱，是建筑物中的弧圈形部分，是主要的承重构件，通过它把荷载传递给墩台和基础。

2）拱肋：拱肋是拱桥主拱圈的骨架。

3）横撑：拱肋间的横向联系称为横撑或横梁。

4）吊杆：系杆拱桥的组成部分，一般是长细构件，有柔性而不承受弯矩，只承受拉力，以增强拱肋的稳定性。

5）拱脚：拱的两个端部称为拱脚。

6）盖梁：指的是为支承、分布和传递上部结构的荷载，在排架桩墩顶部设置的横梁。

7）桥面：桥梁为车辆所用的部分或桥梁上可供行走或穿行的地面。

（3）斜拉桥

1）索塔：悬索桥或斜拉桥支承主索的塔形构造物。

2）斜索：又称拉索，是把斜拉桥主梁及桥面重量直接传递到塔架上的主要承重部材。

3）铺装：铺装路面是指路面结构层，它通常用来作为多层结构沥青面层的磨耗层，养护维修中的薄层罩面以及桥梁铺装用的路面。

（4）悬索桥

1）悬索：在两个悬挂点之间承受载荷的缆索，由吊索与主缆构成。

2）鞍座：供悬索或拉索通过塔顶的支撑结构。

3）加劲梁：加劲梁又称为刚性梁。悬索桥加劲梁主要起支承和传递荷载的作用，是承受风载和其他横向水平力的主要构件。

4）锚碇：用以锚固悬索，抵抗悬索力的重要结构，是悬索桥主要结构之一。

1.2.2 道路工程

1）平面：道路中心线和边线等在地表面上的垂直投影。

2）纵断面：沿道路中心线纵向垂直剖切的一个立面。它表达了道路沿线起伏变化的状况。

3）横断面：是指中线上任意一点的法向切面，它是由横断面设计线和地面线组成。

4）路肩：指的是位于车行道外缘至路基边缘，具有一定宽度的带状部分，为保持车行道的功能和临时停车使用，并作为路面的横向支承。

5）联结层：为加强面层与基层的共同作用或减少基层裂缝对面层的影响，设在基层上的结构层，为面层的组成部分。

6）路基：是轨道或者路面的基础，是经过开挖或填筑而形成的土工构筑物。

7）土基：即"土质基础"，是指道面或道肩的下面按照技术要求碾压密实、均匀、稳定或者经过特殊处理达到设计要求的土质基础。

1.2.3 隧道工程

1）支护：支护是为保证地下结构施工及基坑周边环境的安全，对侧壁及周边环境采用的支挡、加固与保护措施。

2）衬砌：衬砌指的是为防止围岩变形或坍塌，沿隧道洞身周边用钢筋混凝土等材料修建的永久性支护结构。

3）隧道净空：隧道净空是指隧道内轮廓线所包围的空间，包括公路隧道建筑限界、通风及其他功能所需的断面积。

4）洞门：洞门指的是为保持洞口上方及两侧路堑边坡的稳定，在隧道洞口修建的墙式构造物。

5）明洞：明洞指的是用明挖法修建的隧道。

6）仰拱：为改善上部支护结构受力条件而设置在隧道底部的反向拱形结构，是隧道结构的主要组成部分之一。

7）仰拱回填：将土或混凝土填入向上仰的拱内。

2　市政工程BIM应用概述

知识要点及目标

本章主要介绍随着国家、各省市一批 BIM 技术相关政策的颁布，BIM 技术目前在市政工程中的发展现状以及 BIM 技术发展的新趋势。通过本章的学习，学生能够了解如何利用 BIM 模型去开展技术校核应用以及施工管理应用。

2.1　基于 BIM 的场地设计管理

1. 要点及目标

施工总包单位及其他参建单位能通过 BIM 模型在项目进场之前对施工临时场地进行合理规划。学习 BIM 模型可视化工作过程中参与各方针对 BIM 工作的职责和要求。掌握市政项目场地布置中所需模型构件的种类。

2. 实现方式

通过 BIM 模型在可视化软件里对项目施工场地进行科学的布设和模拟，利用 BIM 模型的可视化和信息化优势，统筹调整在各功能区施工场地中的划分，可有效减少施工场地的搬迁和调整。

通过二维规划图纸，形成三维可视化的方案，合理、充分规划利用已有场地，将周边环境模型与施工场地规划模型结合，设定施工围挡位置，规划交通疏导方案，让交通疏导便于理解。打破传统设计过程中二维图纸反映不直观、设计复杂、不便交底的麻烦（图 2-1）。

图 2-1　临时施工场地布置

2.2 基于 BIM 的可视化进度管理

1. 要点及目标

基于 BIM 技术项目进度管理软件，通过 BIM 技术将工程项目进度管理与 BIM 模型相互结合，通过精细到构件级的进度计划安排，形成项目建造过程的虚拟建造过程，通过横道图和网络图相辅相成的展示方式，为项目进度管理提供快速、准确、有效的计划安排，及时把控项目关键节点，为项目进度计划提供整体数据支撑，为项目按时交付提供保障。

1) 了解管理层领导及其他参与方，在 BIM 平台快速知晓实际进度的需求点。

2) 从平台上可以知晓实际进度与计划进度的偏差值，并且能找到偏差、发现原因，继而督促项目调整进度计划。

2. 实现方式

施工技术员或 BIM 负责人，通过 BIM 平台及时录入各构件施工状态、关键工序时间，系统后台自动形成整个项目的实际进度，结合 BIM 平台录入计划进度，将实际进度和计划进度进行对比，依据这些数据进行统计分析，对现场施工实际进度与计划进度相差较大的工序分析差异，提高项目部对现场进度的管控，分析阶段施工所需工期，对比总结是否存在提高效率的可行性；合理安排下阶段施工所需材料、设备及资金。

（1）进度快速挂接 BIM 模型

通过 BIM 平台可实现基于 BIM 模型的进度可视化，能够实现 Excel、Project 等格式的进度计划导入相关软件中（图 2-2）。

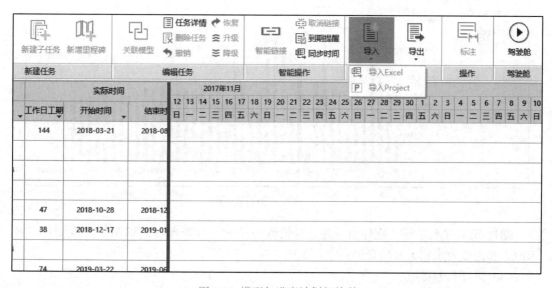

图 2-2　模型与进度计划相关联

（2）计划资源分析

通过 BIM 平台的资源分析功能，能够按照不同的时间周期和进度范围生成资源需求表单，生成时间性物料需求及派工需求，指导采购和机械进出场地（图 2-3）。

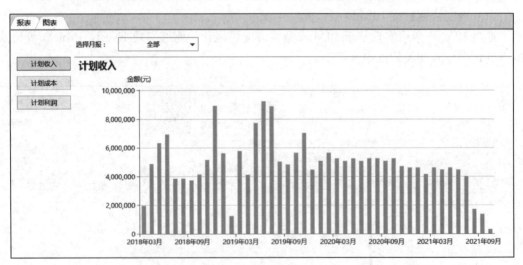

资源计划

| 报表类型： 全部 | 工程清单汇总表 | | 时间： 2019/ 6/27 ~ 2019/ 6/27 | 全部 | 导出报表 | 列表控制 |

工程清单汇总表
人材机汇总表
人工汇总表
材料汇总表
机械汇总表

分部分项工程清单汇

序号	项目编码		项目特征描述	计量单位	工程量			综合单价(元)	合同合价(元)	BI
					合同	BIM模型	量差			
1	403-1-a	光圆钢筋	基础钢筋（材）（包括潜	kg	137065.66	131138.52	5927.14	5.26	720,965.37	
2	403-1-b	带肋钢筋	基础钢筋（材）（包括潜	kg	2912343.07	2520772.88	391570.19	5.52	16,076,133.75	
3	403-2-b	带肋钢筋	下部结构钢筋（材）（包	kg	4570853.44	4582704.10	-11850.66	5.74	26,236,698.75	
4	403-3-b	带肋钢筋	上部结构钢筋（材）（包	kg	6906801.36	5834098.90	1072702.46	5.88	40,611,992.00	
5	405-1-a	C30混凝土	混凝土灌注桩（不分钻孔	m³	19026.13	14947.90	4078.23	1,168.31	22,228,417.94	
6	410-1-d	C30混凝土	混凝土基础（包括扩大基	m³	539.20	501.60	37.60	351.73	189,652.82	
7	410-1-e	C35混凝土	混凝土基础（包括扩大基	m³	11760.00	11760.00	0.00	393.66	4,629,441.60	
8	410-2-d	C35混凝	混凝土下部结构（各种类	m³	4240.62	320.70	3919.92	644.26	2,732,061.84	
9	410-2-f	C40混凝土薄壁式	混凝土下部结构（各种类	m³	1309.80	1311.25	-1.45	960.00	1,257,408.00	
10	410-2-g	C45混凝土空心	混凝土下部结构（各种类	m³	19997.80	20933.55	-935.75	938.48	18,767,535.34	
11	411-7-a	C55连续构	现浇预应力混凝土上部	m³	30660.98	32285.16	-1624.18	1,327.49	40,702,144.34	
12	411-7-b	C50混凝土T梁	现浇预应力混凝土上部结	m³	6348.64	13672.70	-7324.06	1,013.55	6,434,664.07	
				合计					180,587,115.8	

图 2-3　人材机汇总表

（3）计划产值分析

通过 BIM 平台能够自动按月、季度、年来计算工期和计划活动所需的预算（图 2-4）。

图 2-4　产值分析

通过 BIM 平台能够实现挣值管理（挣值管理是一种将资源计划编制与进度安排、技术成本和进度要求相关联的管理技术，见图 2-5）。

（4）进度偏差提醒

通过 BIM 平台能够将实际完成数量和计划完成数量进行比较，BIM 平台计划会根据当前日期和进度计划中任务计划结束日期进行比较，对即将到期的任务或到期未完成的任务进行提醒，并通知项目是否延迟，及时推送至相关标段和责任人，为进度节点控制提高人性化工具，不再让"进度计划"成为一纸空文（图 2-6）。

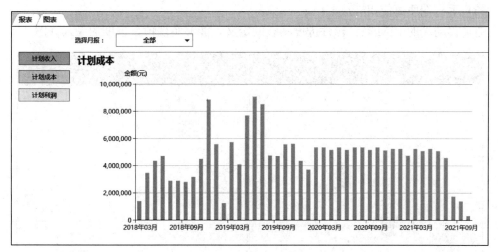

图 2-5　成本分析

工作日工期	计划时间 开始时间	计划时间 结束时间	实际时间 工作日工期	实际时间 开始时间	实际时间 结束时间
100	2017-10-11	2018-01-19			
1457	2017-10-11	2021-10-07			
627	2017-11-15	2019-08-04			
235	2017-11-15	2018-07-08			
50	2017-11-15	2018-01-04			
50	2017-11-30	2018-01-19			
60	2018-01-19	2018-03-20			
100	2018-03-20	2018-06-28	144	2018-03-21	2018-08
10	2018-06-28	2018-07-08			
87	2018-10-19	2019-01-14			
9	2018-10-19	2018-10-28			
46	2018-10-28	2018-12-13	47	2018-10-28	2018-12
32	2018-12-13	2019-01-14	38	2018-12-17	2019-01
150	2019-03-07	2019-08-04			
9	2019-03-07	2019-03-16	74	2019-03-22	2019-06
9	2019-03-16	2019-03-25	37	2019-03-27	2019-05
8	2019-03-25	2019-04-02	17	2019-04-25	2019-05

工作日工期	计划时间 开始时间	计划时间 结束时间	实际时间 工作日工期	实际时间 开始时间	实际时间 结束时间
100	2018-03-20	2018-06-28	144	2018-03-21	2018-08
10	2018-06-28	2018-07-08			
87	2018-10-19	2019-01-14			
9	2018-10-19	2018-10-28			
46	2018-10-28	2018-12-13	47	2018-10-28	2018-12
32	2018-12-13	2019-01-14	38	2018-12-17	2019-01
150	2019-03-07	2019-08-04			
9	2019-03-07	2019-03-16	74	2019-03-22	2019-06
9	2019-03-16	2019-03-25	37	2019-03-27	2019-05
8	2019-03-25	2019-04-02	17	2019-04-25	2019-07
8	2019-04-02	2019-04-10	16	2019-05-04	2019-05
9	2019-04-10	2019-04-19	12	2019-05-11	2019-05
8	2019-04-19	2019-04-27	14	2019-05-21	2019-06
8	2019-04-27	2019-05-05	18	2019-05-29	2019-06
8	2019-05-05	2019-05-13	15	2019-06-07	2019-06
8	2019-05-13	2019-05-21	7	2019-06-15	2019-06

Luban Plan 提醒您

未完成　即将到期

有任务到期未完成(25 个)　　请选择操作

任务名称	计划结束时间	状态	处理
施工准备	2017-10-31	延期6...	忽略
承台基坑开...	2018-03-20	延期4...	忽略
便道施工	2018-01-04	延期5...	忽略
承台施工	2019-01-14	延期5...	忽略
临建施工	2018-01-19	延期5...	忽略
924道路防...	2018-01-19	延期5...	忽略
承台施工	2019-01-20	延期1...	忽略
引桥山体开挖	2019-06-18	延期9天	忽略
破桩头	2018-07-08	延期3...	忽略
桩基施工	2018-07-08	延期3...	忽略
便道施工	2018-02-03	延期5...	忽略
场地平整 ...	2018-12-05	延期2...	忽略
场地平整 ...	2018-10-28	延期2...	忽略

图 2-6　进度偏差提醒管理

（5）手机端便捷使用

通过移动端的 BIM 平台构件进度状态的定义，能够实现项目进度的录入（图 2-7）。

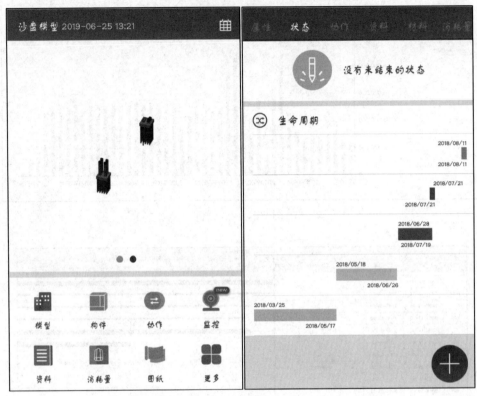

图 2-7　移动端信息管理

2.3　基于 BIM 的质量、安全、资料的管控

1. 要点及目标

利用 BIM 平台形成企业级跨组织的协同项目管理，将参建各方的传统线下工作流程在线上完成，通过对质量、安全、巡检等问题整改、阶段报告、方案报审、方案会签、现场签证、图纸变更等各类型的事件发起协作，并关联 BIM 模型、照片和资料，支持相关人员协作作出审批、回复、生成报告等多项工作，大大提高了工作效率，并且结果可以追溯，快速发现问题，快速作出回应。

1）了解管理层领导及其他参与方在 BIM 平台上知晓现场实际质量安全情况的需求。

2）能从平台上知晓哪些地方存在质量安全问题预警，该问题的整改进程及整改情况。

3）能从平台上得到问题汇总，进行横向比较，判断出工程项目哪个工序存在问题较多，进行重点管控、重点关注。

2. 实现方式

利用移动终端（智能手机、平板电脑）BIM 平台采集现场数据，对存在安全、质量问题的部位或样板部位拍照，文字或语音描述，上传到对应模型构件，提醒对应负责人和相关人，提出整改要求和整改时间，对应负责人收到后，根据整改要求进行整改回复，形成闭合。形成现场质量缺陷、安全风险、质量安全样板等数据资料库，与 BIM 模型及时关联，方便施工过程中、竣工验收时的各方面数据的统计管理（图 2-8、图 2-9）。

图 2-8　移动应用端质量、安全把控

图 2-9　现场实际问题与 BIM 模型直接关联

（1）安全管控

1）安全方案管理

根据住房和城乡建设部《危险性较大的分部分项工程安全管理规定》文件要求，在施工组织开展前，相关项目部应列出专项方案、应急预案清单，同时做好安全演练计划，软件根据审批程序做好流转，并进行必要提醒，确保方案审核、审批及时性（图 2-10）。

方案、应急预案及安全演练清单，实时统计各相关项目部方案申报审批完成情况，并进行对比，显示完成度。

目前，BIM 系统已经可以流程化审批工程，在系统中增加安全方案管理流程模块，

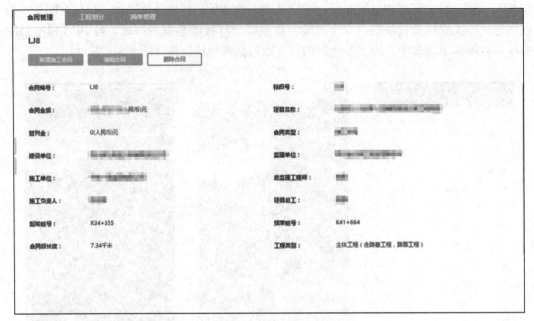

图 2-10　线上审批流程

根据管理方需求进行定制流程开发，确保满足管理方对安全方案管理深度化、流程化、标准化需求。

2）安全巡查

目前项目安全巡查管理模式大致流程为：组织安全相关检查→记录、拍摄安全问题及隐患→部分现场纠正、部分开具安全整改通知书→安全隐患整改→整改情况上报→现场核查等流程。管理模式需进行组织、整改上报及现场核查，管理相对费工费时。

BIM平台结合手机等移动设备，实现安全问题现场上传，同时通过移动应用微信等常用软件，关联相关负责人进行整改（并发送相关提醒），整改完成后由相关人员上传整改结果，提交后实时进行验收，节省整改上报等待现场核查时间，有效提高工作效率。

安全巡检功能在上述安全检查→整改→回复流程中加入安全检查路线功能，可对安全点或安全检查线路进行指定，各单位相关专职安全员可定期对巡检路线进行日常巡检，并将巡检结果实时上传。大大优化市政项目的安全管理，因施工线路长，安全检查组织难、巡检时间长、巡检结果反馈慢、整改结果核查慢等问题。

安全巡检可进行相关数据统计，包括巡检频率统计、安全问题数量统计、隐患整改完成率统计，并根据各个单位完成情况进行系统排名（图2-11）。

安全员达到指定巡检点后，通过手机端即可记录现场问题，同时传送至相关责任人，实现线上审批、问题闭环（图2-12）。

（2）质量管控

1）质量监控

目前，行业里大多数质量监控、质量管控需要靠人工监测，人工填写观测数据，生成派发单。利用BIM系统，支持在模型上挂接监测点，为项目人员查询数据、数据预警，提供动态、实时的基础数据支撑（图2-13）。

图 2-11　巡检路线

图 2-12　安全问题协作

监测点位三维查看（图 2-14）：

监测数据的线上实时共享（图 2-15）：

通过监测的数据，自动生成监测日报（图 2-16）：

图 2-13 监测列项

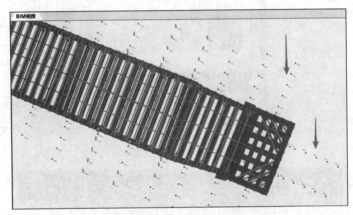

图 2-14 监测点 BIM 视图

图 2-15 监测数据共享

监测成果统计

监测项目	本期变形		本期变形速率		累计变形		报警值	
	最大值及点名		最大值及点名		最大值及点名		速率指标	累计指标
	测点	最大值	测点	最大值	测点	最大值		
地表沉降	DB6-2	0.6	DB6-2	0.6	DB6-5	−45.9	±3mm/d	±50mm
立柱沉降	LZ4-2,LZ4-3	−0.4	LZ4-2,LZ4-3	−0.4	LZ3-2	9.4	±2mm/d	±25mm
墙顶沉降	Q5	−0.6	Q5	−0.6	Q6	7.9	±2mm/d	±10mn
墙顶位移	Q6	1.3	Q6	1.29	Q7	−6.8	±3mm/d	±30mm
地下水位	SW6	−17	SW6	−17	SW5	−784	±500mm/d	±1000mm
钢筋应力	QNL5	1.1	QNL5	1.1	QNL5	−65.7	±5MPa/d	
支撑轴力	ZL3-4	21.9	ZL3-4	21.9	ZL3-3	929.3		70%设计值
土压力	TY4	1.15	TY4	1.15	TY4	−65.76		
水压力	SY4	1.82	SY4	1.82	SY3	−53.96		
深层位移	CX7;35.0m	−1.2	CX7;35.0m	−1.2	CX5;22.0m	42.15	±3mm/d	±50mm
巡视综述	施工现场经巡视未见异常现象,详见《施工巡视表》							

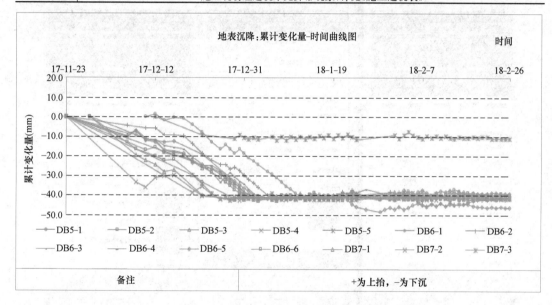

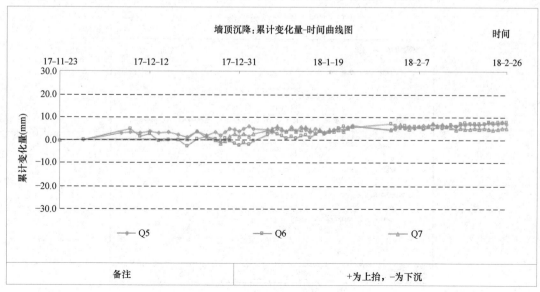

图 2-16　线上生成监测日报

2）质量巡查

通过应用 BIM 技术，持续改进和提高施工质量，确保项目整体工程质量实现优质工程的目标，通过日常工作质量保证过程的施工质量，确保项目施工过程无返工、一次性成优；做到标准化管理、规范化施工，达到质量精细化管理，实现质量零缺陷的目标。

质量巡查可进行相关数据统计，包括巡检频率、质量问题数量、隐患整改完成率，并根据各个单位完成情况进行系统排名。

达到指定巡检点后，通过手机端即可记录现场问题，同时传送至相关责任人，实现线上审批、问题闭环（图 2-17、图 2-18）。

图 2-17　巡检路线

图 2-18　质量问题协作

（3）资料管控

1）技术方案管理

在单个工程开展前需进行开工报告、施工组织设计、施工方案等审批，软件已有审批流程模块，同时可设置相应权限，在开工报告、施工组织设计或施工方案未完成审批时，无法进行施工资料、计量、安全、质量管理模块的使用（图2-19）。

目前，相关软件已经具有流程化审批系统，在系统中增加技术方案管理流程模块，将根据管理方需求定制流程开发，确保满足管理方对安全方案管理深度化、流程化、标准化的需求。

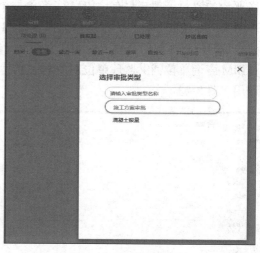

图2-19 方案审批流程

2）施工日志

基于BIM系统，可基于PC端、Web端、手机APP端的应用，在系统中内置固定格式的施工日志填写模板，实现基于BIM系统的线上施工日志填写，方便现场的管理，从源头工具提高工作效率（图2-20~图2-22）。

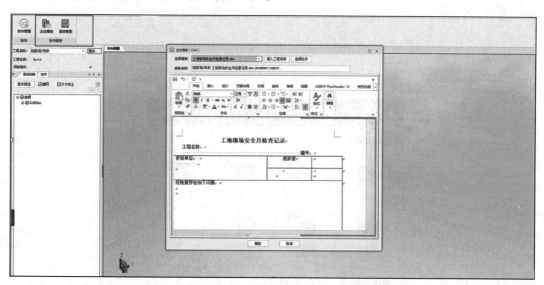

图2-20 基于PC端的日志填写

3）施工图管理

公路工程是建筑工程行业信息最多，工序最复杂的工程类型之一。从工程调研、立项到竣工，再到运维管理，会衍生出多种工程资料。工程出现质量安全隐患，需要根据资料定位相关责任人进行追责。因此，工程资料的管理属于工程实施过程中的关键性环节。近年来，随着互联网发展，各个企业逐步开始创建企业资料数据库。随着BIM技术的发展，基于BIM平台的资料管理产生了重大价值，使企业资料储存、流通、协同更为方便。

基于BIM平台的工程资料管理相较于传统工程档案资料管理产生了巨大变革。基于

BIM 平台的资料管理流程有：BIM 咨询单位牵头协调各方确定资料库大类（技术交底资料、图纸、专项方案资料、工程信息追溯资料等）；BIM 咨询单位后台创建资料文件夹；参建方各部门将本部门资料上传相应文件夹（纸质版资料扫描后上传）并关联相应工程构件；BIM 咨询单位辅助监理单位对资料上传完整度进行审查；参建方全体人员对资料进行调用（图 2-23）。

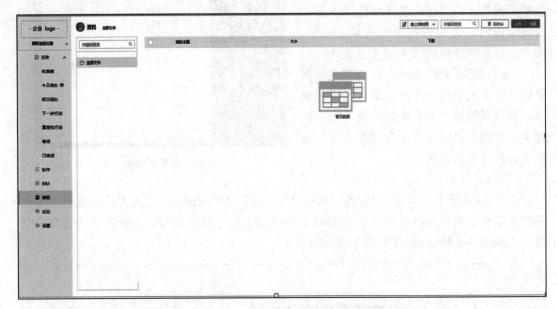

图 2-21　基于 Web 端的线上填写

图 2-22　基于手机端 APP 的线上填写

图 2-23 资料管理的流程

BIM 咨询单位、监理单位和施工单位、试验单位等共同确定 BIM 协同管理平台中资料大类文件夹，然后上报建设方进行确定，参考资料文件夹见图 2-24。

工程施工过程中的资料需要流通起来才有价值。例如，项目技术员在现场需要查看图纸，通过手机直接查看 BIM 资料库调取相应的图纸资料；部门之间需要方案资料，可直接通过 BIM 平台下载，减少各个部门间沟通协调所浪费的时间。

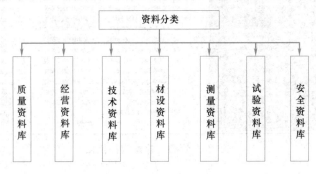

图 2-24 资料划分大类

资料查看可分为手机端和电脑端两种方式。

通过电脑端 BIM 平台，打开需要调用资料的 BIM 模型，进入构件信息面板，可以查看并下载资料。依托 BIM 模型，在 BIM 平台中可以将施工图纸与模型构件相关联，工程人员可随时在手机端进行查看阅览，建立电子施工图档案，施工现场检查无需带相关图纸（图 2-25～图 2-27）。

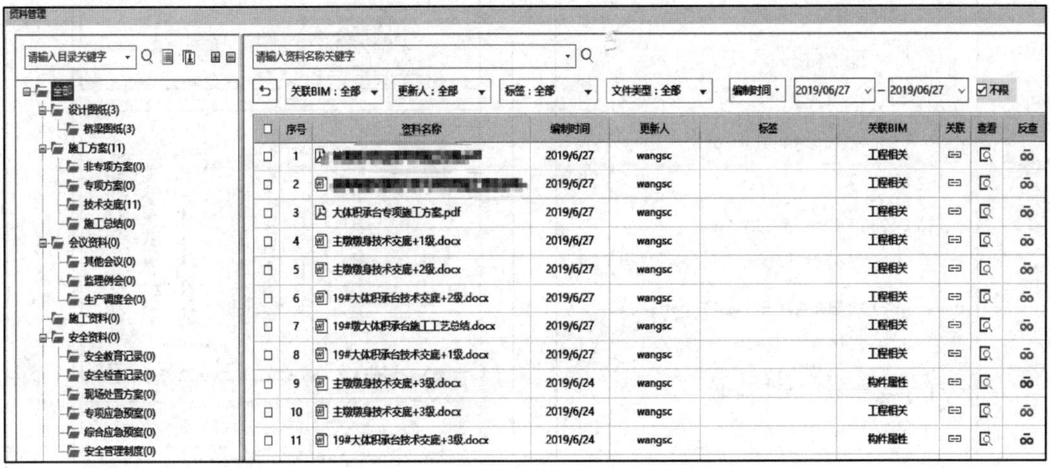

图 2-25 电子资料档案库

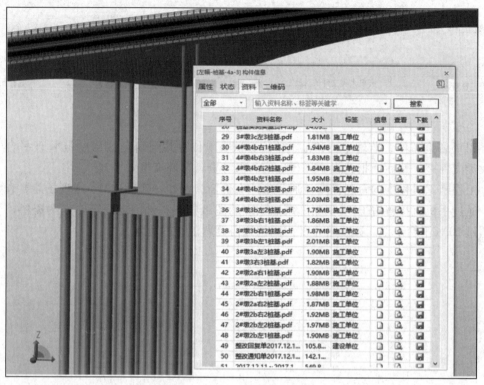

图 2-26　资料与模型构件挂接

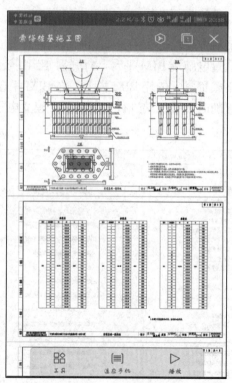

图 2-27　手机端查看图纸

2.4　基于 BIM 的材料管控

1. 要点及目标

材料管控是项目管理的重点之一，传统材料管理面对以下困难：

1）施工图纸变更频繁，材料台账和施工图纸难以保证一致性；

2）纸质台账容易丢失，难以做到领料信息能追溯、快速追溯。

目前通过 BIM 平台能对材料进行入库管理，材料使用关联模型，能达到以下效果：

1）能从模型上得到 BIM 工程量、设计清单量；

2）能从平台上框选获得任意计量单位的工程量；

3）通过信息录入可以将主材量全部录入模型中以便查询。

2. 实现方式

材料库是管理施工现场主材的重要依据，是为了更加详细了解现场材料使用情况的数据依据，为了全面及时地从系统中获取施工现场材料使用情况，将现场施工材料使用情况进行 BIM 构件关联，以及材料进场台账录入是将施工现场主材台账录入到 BIM 平台。

1）材料库录入的流程

材料库录入流程：打开模型后通过数据选项卡打开数据库，在左侧"材料类别"中选择需要录入的材料类别，通过新增行新增一条空白材料数据进行填写。填写完成对材料库数据可以进行附件上传和构件关联等操作，关联 BIM 构件的材料信息可以进行反查，为运维阶段提供数据追溯依据（图 2-28）。

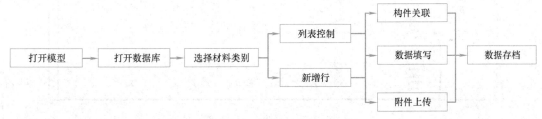

图 2-28　材料库录入流程

2）材料库录入方法

操作方法：在电脑端选择数据选项卡，激活"材料库"命令即可弹出材料库界面。材料库信息录入时先选中左侧材料目录，然后进行该材料的新增行，将新增行信息填写完整后，将该条材料和 BIM 模型进行关联并上传附件（图 2-29）。

选择需要录入数据的材料目录，进行新增行。新增行意思即是对该主材新增一条信息，并对新增的行进行信息填写，每一个需要录入的信息新增一行，如图 2-30 所示。

列表控制即对材料库台账的表头内容进行控制，每列名称的左边有一个选框，通过勾选和取消勾选进行列的增减。除此之外可以通过新增列和删除列进行材料库的增减。材料库表格设置完成之后即可开始对材料库内容进行填写，在空白格打字录入即可，如图 2-31 所示。

材料库数据录入完成，附件上传成功后，可以通过关联命令将该条材料库数据和 BIM 模型进行关联（图 2-32）。构件关联支持构件管理和构件组关联，关联成功的构件可以进行反查。材料库数据和构件关联后的信息可以用于运维阶段，做到材料可追溯，可以追溯某一批次的材料用于哪些构件（图 2-33）。

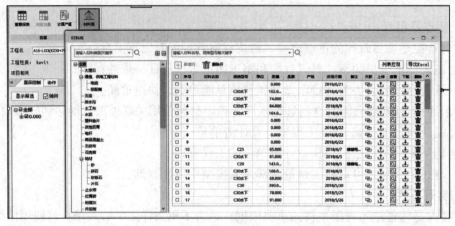

图 2-29　材料库

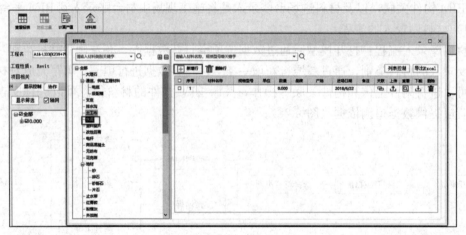

图 2-30　材料库新增行

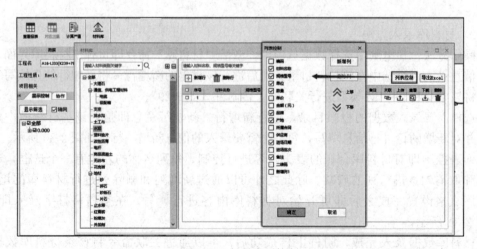

图 2-31　材料库列控制

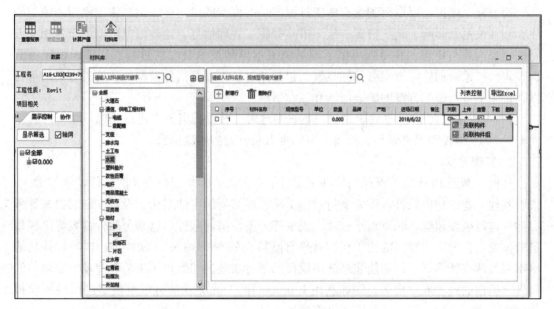

图 2-32　材料库构件关联（一）

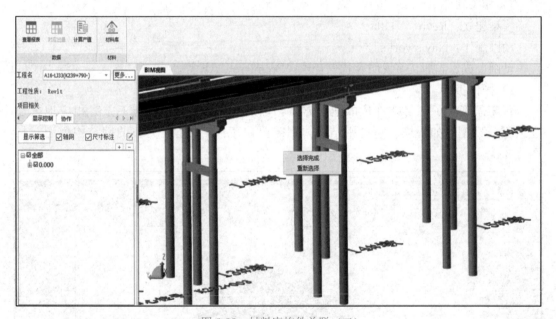

图 2-33　材料库构件关联（二）

2.5　施工方案模拟、对比

1. 要点及目标

施工模拟主要包括进度模拟、方案模拟和工艺模拟。施工模拟是利用 BIM 技术的可视性、可分析性，在工程实际开工前，对项目工程的进度、方案策划、施工工艺进行分析、模拟和优化，提前发现问题，解决问题，直至获得最佳方案，从而指导实际施工。

通过施工模拟，可以得到含有施工过程演示的模型成果文件，包含施工模型的施工顺序、相互关系及影响、施工资源、施工措施等施工管理信息，这些信息可以用于各相关方间的信息沟通与传递，并得到可用于现场施工指导和技术交底的过程图、动画视频等资料，得出结论性的施工方案可行性报告。包括通过三维建筑信息模型论证施工方案的可行性，记录不可行施工方案的缺陷问题和注意事项。

1）可以通过在 BIM 平台上通过三维直观地对一些重难点方案进行比选。

2）从三维模型更直观地去分析方案的难点及有效的解决措施。

2. 实现方式

目前，基于 BIM 施工模拟的软件主要包括三大类：①与建模有关的软件，例如 Revit 或者其他专业的建模软件，主要支持对施工模拟所需要的主体结构、设备、临时设施等所有构件进行模型建造。②侧重于进度、成本等方案模拟的软件，这部分软件需要导入模型进行模拟，目前应用较多的施工模拟软件有欧特克的 Navisworks 软件等，这些软件功能侧重点虽然有所不同，但都能实现施工模拟的部分功能。③侧重于工艺和专项方案模拟的软件，模拟的过程展示出来，例如利用 Lumion 和 3Dmax 软件可以对模型进行动画模拟的制作，完成专项方案模拟和施工方案模拟。

1）相关软件

模型建立：Revit、Tekla。

动画制作：Navisworks。

动画合成、添加文字说明及背景音乐：Premiere、AE 等。

2）操作步骤

首先需确定了解复杂部位的施工方案，然后在 Revit 中按照施工方案相应地去建立或拆分模型（如果模型包含钢结构，则需要在 Tekla 中建立完整的钢结构模型，见图 2-34）。

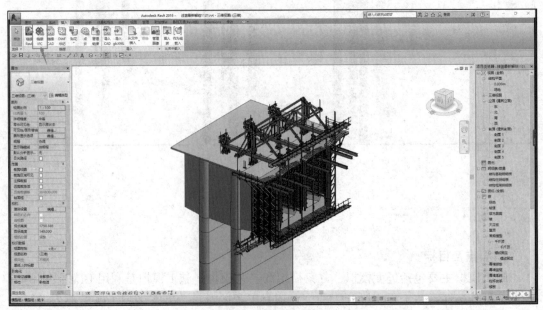

图 2-34　在 Revit 中建立混凝土模型以及整合钢结构

在动画选项卡中点击 Animator 调出动画制作框，在 Animator 中添加动画集来制作动画（图 2-35）。

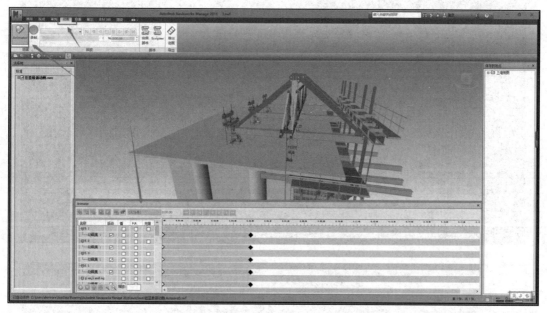

图 2-35　在 Navisworks 制作动画

在动画制作软件中，进行动画合成编辑，添加字幕、音效等操作（图 2-36、图 2-37）。

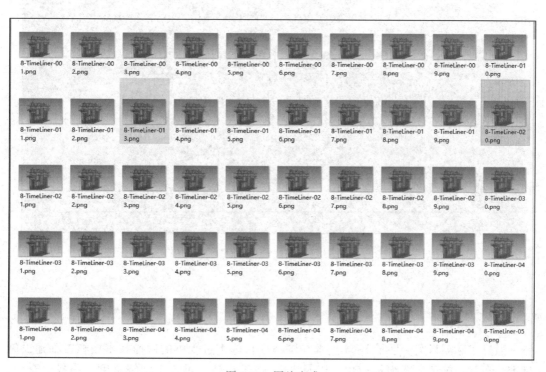

图 2-36　图片生成

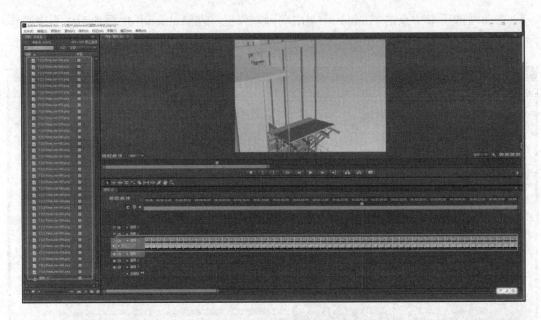

图 2-37　视频成果文件

本章小结

通过实际项目案例展示 BIM 技术在围绕项目施工过程中的碰撞技术校核、临建设施标准化布置、施工方案模拟应用，以及 BIM 技术在施工过程中围绕进度、质量、安全、成本等开展新的管理模式，依托 BIM 模型为项目决策提供基础数据，给项目施工带来精细化的管控。

本 章 习 题

一、单选题

1. 以下哪本标准中指定了 BIM 模型中元素的统一编码（　　　）。

A. 《建筑工程信息模型应用统一标准》

B. 《建筑工程信息模型存储标准》

C. 《建筑工程设计信息模型分类和编码标准》

D. 《建筑工程设计信息模型交付标准》

2. 以下哪个选项不属于 BIM 进度管理的内容（　　　）。

A. 计划进度管理

B. 实际进度管理

C. 计划进度、实际进度对比

D. 材料计划

二、多选题

1. 下面属于住房和城乡建设部《关于推进建筑信息模型应用的指导意见》关于 BIM 应用基本原则的是（　　　）。

A. 企业主导，需求牵引

B. 行业服务，创新驱动

C. 政策引导，示范推动

D. 简政放权，放管结合

E. 实事求是，开拓创新

2. 根据住房和城乡建设部《关于推进建筑信息模型应用的指导意见》，施工企业 2020 年以前工作重点的是（　　　）。

A. 设计模型建立

B. 施工模型建立

C. 细化设计

D. 投资控制

E. 施工过程管理

三、简答题（开放题）

简述你认为 BIM 在项目施工过程中应用的价值，请举例说明。

3　市政工程BIM建模软件概述

知识要点及目标

本章主要介绍市政路桥类的主流建模软件及建模流程标准，软件包括 Autodesk Revit、Bentley MicroStation、Dassault CATIA、Trimble Tekla Structures、MIDAS SmartBDS、Robert McNeel&Associates Rhino 等；建模流程标准，包括：工程设置、模型命名、建模精度、算量模式等。通过本章的学习，学生能够了解市政路桥类的软件和建模的方式。

3.1　市政路桥建模软件介绍

市政工程与建筑工程不同，除了城市景观性桥梁和地标性特大跨桥梁外，市政工程一般没有类似建筑学的美学设计专业，因此在 BIM 建模软件方面的要求主要是高精度、辅助出图、准确的构件坐标定位数据等功能。

目前我国市面上用于市政工程的主流软件有 Autodesk、Bentley、Dassault、Tekla 等几个公司的系列软件。其中，Autodesk、Bentley 和 Dassault 平台提供了丰富的工程解决方案，涵盖了建模渲染、计算分析、施工管控等多个方面，相对而言，Tekla 的软件产品较少，仅有建模计算和碰撞检查功能的软件，适用面相对狭窄。除此之外，也有从仿真、设计领域拓展到 BIM 方向的软件如 MIDAS 公司的 SmartBDS，以及专业 3D 造型软件如 Rhino 等，都可以适用于市政工程领域。

本教材在建模软件上采用 Autodesk 公司的 Revit 系列软件来进行市政路桥的 BIM 建模，软件版本为 Revit2018。

3.1.1　Autodesk Revit

上文提到的各大软件厂商中，Autodesk 公司拥有最长的产品线和最广的行业覆盖。Autodesk 公司经建立了包括图形平台、专业三维应用、协同作业等全方位的产品线，其中专业三维解决方案涵盖了机械设计、建筑设计、土木与基础设施设计、地理信息系统、数字媒体与娱乐等多个领域。

在基础设施工程建设领域，一个项目在整个生命周期中的全部阶段，从方案立项、规划、设计、施工，到运营维护和日常管理等，Autodesk 都有相应的三维产品为用户服务。

　　Autodesk 公司目前以 Revit 技术平台为基础推出的专业版模块包括：Revit Architecture（Revit 建筑模块）、Revit Structure（Revit 结构模块）和 Revit MEP（Revit 设备模块——设备、电气、给水排水）三个专业设计工具模块，以满足设计中各专业的应用需求。在 Revit 模型中，所有的图纸、二维视图和三维视图以及明细表都是同一个基本建筑模型数据库的信息表现形式。在图纸视图和明细表视图中操作时，Revit 将收集有关建筑项目的信息，并在项目的其他所有表现形式中协调该信息。Revit 参数化修改引擎可自动协调在任何位置（模型视图、图纸、明细表、剖面和平面中）发生的修改。

　　Revit 提供 3 种类型的族构件模板：①内置的标准构件族库（梁、柱、墙、门、窗等），专门面向建筑工程；②需自定义的标准模板族构件；③可建立空间异形模型的概念体量、自适应族模板。对于市政工程而言，由于 Revit 本身不具备相关构件族库，首先需自定义参数化构件，或者从互联网上获取第三方构件库，然后才能实现市政工程建模。对于较为标准的现浇梁、预制梁、盖梁、墩柱、承台、桩基、构造较为简单的索塔、桥台等桥梁构件，可由第二类模板进行自定义，而对于异形结构的桥塔、悬索、变宽变高的现浇梁、互通立交连接部分等第二类模板无法完成的构件，需结合第二、三类模板共同完成。

　　Revit 中的参数化是以尺寸标注的形式实现的，可将尺寸标注设置为变量，通过调整变量的值控制构件的几何外形。而要批量实现模型的参数化，Dynamo 是一款非常好用的插件，从 2018 版本开始，Autodesk 已经将其作为默认安装的内置插件。Dynamo 有很强的几何构建能力、与 Revit 的联动性和互导性，建议将其作为课外拓展进行学习。

3.1.2　Bentley MicroStation

　　MicroStation（以下简称 MS）软件在计算机辅助设计领域和 AutoCAD 齐名，是国际上著名的二维和三维 CAD 软件，其具备完善的设计和文档模块，可为几乎任意种类、尺寸和复杂度的基础建设项目提供建模、文档存储和可视化的功能。MS 除了拥有和 AutoCAD 类似的绘图、建模和渲染功能外，还提供了动画制作（Animation）的模块。同时，通过架构在 MS V8i 版本上的 GC（Generative Components）模块，MS 也能实现参数化的建模方式。

　　MS 的三维建模思路为先进行剖面的轮廓线绘制，再进一步生成面单元，最后通过空间的放样形成体模型，属于非常典型的三维设计思路。另外，MS 和 Revit 一样支持多窗口视图建模，不同视角上的操作是联动的，这也是三维建模软件和二维建模软件最明显的区别，也是与一些低端的 BIM 建模软件之间的分水岭。

　　然而，由于进入我国市场较晚，国内的 MS 用户很少，且对于习惯了 AutoCAD 绘图的设计人员，MS 特有的操作方式和基于 3D 的设计思维会使得用户在短时间内难以适应。

3.1.3　Dassault CATIA

　　CATIA 是法国 Dassault（达索）系统平台旗下的著名软件，提供世界领先的产品设计和体验解决方案，被广泛应用于航空航天、机械、船舶和能源等各大领域。由于达索公司本身也是世界最大的飞机制造公司之一，而航空行业对曲面模型的光滑度要求极为苛刻，使得 CATIA 软件有着非常出色的三维形态表现能力。

CATIA 采用的是"骨架设计"的方式实现各专业工程之间的关联设计，通过骨架改变直接驱动模型变化。同时，总骨架下根据专业类型分设各专业骨架，形成自上而下的设计模式。这样的建模方式虽然结构严谨，但是复杂程度高，适用于大型企业，对于普通建模人员来说难以上手。

因此，将 CATIA 用于市政、桥梁工程的 BIM 建模，固然是可行的，但由于软件并非专门面向土木工程行业，且售价高昂，使得可参照的国内应用案例极少。

3.1.4　Trimble Tekla Structures

Tekla Structures 的前身是著名的 Xsteel，原为专门针对钢结构设计的软件，拥有丰富的钢构件截面库。同时，Tekla Structures 提供了完备的钢节点设计模块，可实现螺栓和焊缝的细部定义，其对应的节点可视化效果也较为出色。

Tekla Structures 集成了 SAP2000、STAAD 等计算软件，且分析程序可返回设计信息并动态更新物理模型及文档，另外，Tekla 内置的图纸和报告模块也为结构设计人员的工程出图带来了极大的便利。但是因为 Tekla 主要针对钢结构，在对于市政路桥的混凝土结构方面适应性较差。

3.1.5　MIDAS SmartBDS

MIDAS SmartBDS（Smart Bridge Design System）是集建模、分析、设计和施工图绘制为一体的智能化桥梁解决方案，在桥梁设计领域拥有较大的用户群体。SmartBDS 提供全参数定义的三维建模方式，包括路线、跨径布置、主梁截面形式、下部结构等，同时能够对生成的三维模型进行单元划分、施工及运营阶段定义，并自动生成荷载组合用于计算分析。

但是，SmartBDS 最大的缺陷是只适用于有限的几种桥梁形式，包括等截面箱梁、变高预应力混凝土连续箱梁（悬臂浇筑法）、变高预应力混凝土连续箱梁（满堂浇筑法），面向的对象较为狭窄，有很大的局限性。

3.1.6　Robert McNeel&Associates Rhino

Rhino 是美国 Robert McNeel & Assoc 开发的 PC 端强大的专业 3D 造型软件，它可以广泛地应用于三维动画制作、工业制造、科学研究以及机械设计等领域。Rhino 可以创建、编辑、分析、提供、渲染、动画与转换 NURBS 线条、曲面、实体与多边形网格。不受精度、复杂、阶数或是尺寸的限制。

需要特别说明的是，Rhino 不是定位于 BIM 概念开发的软件，而是属于三维几何造型软件，其具备较高的精确性、可视性，配置需求较低，具有较成熟的参数化插件 Grasshopper。

但是正因为 Rhino 是非专业性的软件，因此应用于工程中难度较大，建模需要大量的二次开发或者编写复杂的 Grasshopper 逻辑网络，并且生成的模型由"面"构成，无体积参数，因此用于工程中有较大的短板。

上述主流 BIM 建模软件的特点对比见表 3-1。

市政工程领域主流 BIM 建模软件优劣势对比   表 3-1

软件名称	优势	劣势
Autodesk Revit	1)可通过族样板或体量模型自定义参数化族库; 2)结合 Dynamo 可以进一步实现参数化设计; 3)适用于任意桥型/路; 4)软件售价较低; 5)操作易上手	1)缺少市政工程族库,需要自定义; 2)复杂的空间曲面用自带功能难以实现,需要借助于 Dynamo
Bentley MicroStation	1)通过特征建模模块可实现简单的参数化功能; 2)结合 Generative Components 模块可进一步实现参数化设计; 3)适用于任意桥型/路	1)缺乏信息管理模块,需联合 Bentley 平台的其他软件实现信息集成; 2)软件售价较高
Dassault CATIA	1)通过参数方程、尺寸标注和约束关系实现参数化建模;精度极高; 2)适用于任意桥型/路	1)软件主要面向航空航天、机械和能源等专业,非土木工程专业软件; 2)软件售价昂贵
Tekla Structures	内置的截面库为变量可调的参数化单元,以尺寸标注和约束关系实现参数化	1)难以建立复杂的空间模型,仅支持杆件或板单元; 2)不支持实体模型导入; 3)面向对象狭窄,仅适用于钢桁架桥、钢拱桥、钢箱梁桥
MIDAS SmartBDS	提供桥梁线形、跨径布置、主梁截面、钢筋钢束、下部结构等预设模块,用户通过输入或修改各参数以实现建模	1)模板化的建模方式,更偏向于计算设计软件; 2)面向对象狭窄,仅适用于等截面箱梁、变高预应力混凝土连续箱梁(悬臂浇筑法)、变高预应力混凝土连续箱梁(满堂浇筑法)
Robert McNeel&Associates Rhino	1)造型能力强,适应几乎任意空间形体; 2)结合 Grasshopper 可以实现参数化设计	1)缺乏信息管理模块,需联合其他平台的 BIM 软件实现信息集成; 2)非土木工程专业软件,建模需要大量的二次开发或者编写复杂的 Grasshopper 逻辑网络; 3)模型由"面"构成,无体积参数

3.2 市政路桥建模流程标准

市政路桥建模流程标准见图 3-1。

3.2.1 市政路桥工程设置标准

(1)项目样板

Revit 统一采用【结构项目样板】。默认文件夹内的【结构项目样板】需进行标高、视图范围、可见性等设置。

也可自行制作项目样板,命名需与默认文件夹内的【结构项目样板】区分。

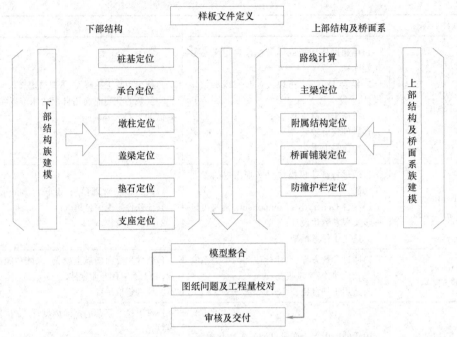

图 3-1 市政路桥建模流程标准

需要说明的是：使用自制项目样板文件时，应在 Revit 中新建项目，选取自制项目样板（.rte）文件，而不是直接打开项目样板（.rte）文件。

（2）标高设置

统一使用唯一标高：±0.000m，命名为【0.000m】。

项目按绝对标高决定构件高度，高程精确度需与图纸符合。

一般做法是：在任一立面视图中，删除"标高 2"，将"标高 1"的名称修改为"0.000m"（图 3-2）。

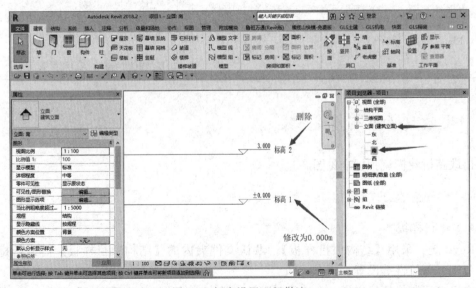

图 3-2 标高设置一般做法

（3）视图样板

1）基本设置

视图比例：【1∶100】；

显示模型：【标准】；

详细程度：【精细】；

规程：【协调】；

显示隐藏线：【按规程】。

其他选项按软件默认设置。

选择需要设置的视图，在属性栏中找到"视图样板"选项，见图3-3。

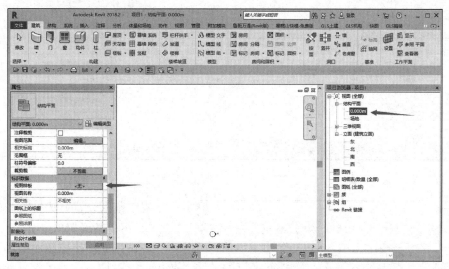

图3-3　"视图样板"选项

选择一个视图样板或者用复制自定义一个视图样板，在视图属性中修改上文提到的参数（图3-4）。

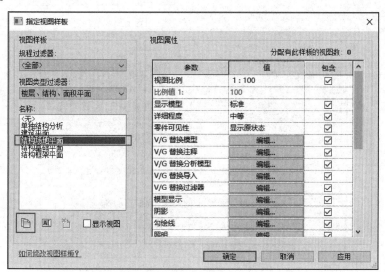

图3-4　选择并设置视图样板

2）视图范围

选择需要设置的视图，在属性栏中找到"视图范围"选项，见图 3-5。

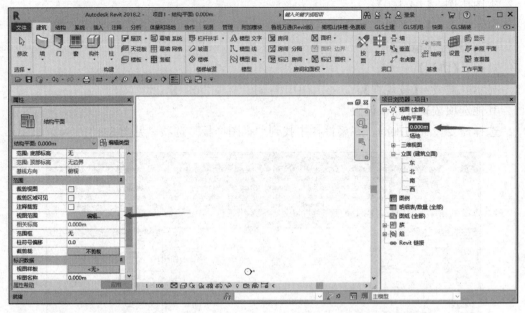

图 3-5 "视图范围"选项

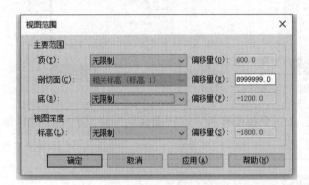

图 3-6 视图范围设置

视图范围设置方法见图 3-6。

3）可见性设置

分析模型在建模及实施中一般不使用，原因是为了避免在框选构件时选到分析模型，影响建模效率，统一将分析模型的显示取消。"可见性设置"在"视图"选项卡中，见图 3-7、图 3-8。

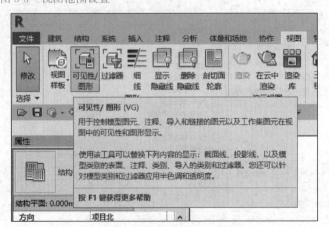

图 3-7 "可见性/图形"选项

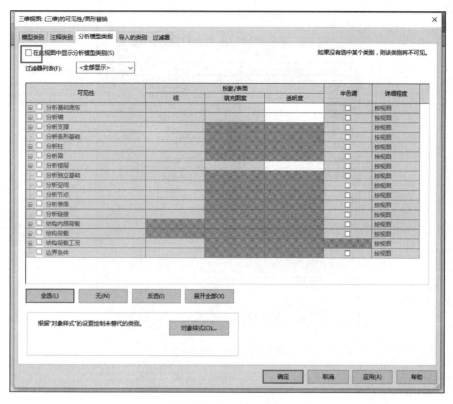

图 3-8　可见性设置

（4）项目单位

项目单位根据公路市政行业习惯，以 cm 为单位，统一精确到小数点后三位。钢结构部分根据深化习惯以 mm 为单位，精确到小数点后两位。"项目单位"在"管理"选项卡中，见图 3-9。

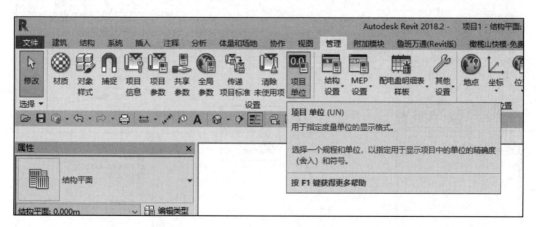

图 3-9　"项目单位"选项

项目单位设置中，需将长度单位从默认的 mm 修改成 cm，见图 3-10。

（5）项目基点

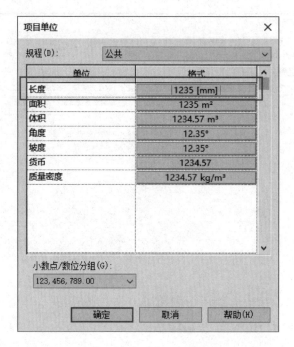

图 3-10　项目单位设置

1）采用坐标定位

定位通过坐标确定的时候，项目基点默认，无需进行额外设置。

项目基点的设置方法是：打开"场地平面"，默认中心位置有一个基点标记，选中基点标记会出现项目基点的坐标、高程、角度等，可以修改以上数据（图 3-11）。

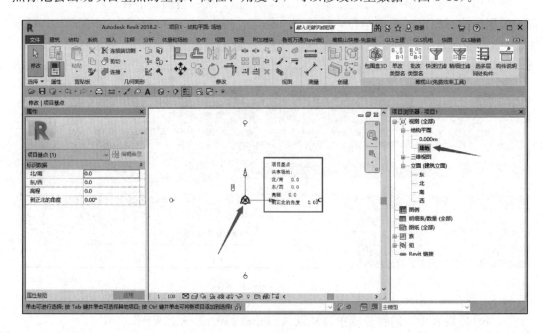

图 3-11　项目基点设置

钢结构模型基点与土建模型基点必须在同一位置，模型一般采用导入土建 IFC 模型定位点的形式来确定钢结构模型位置。

需要说明的是：

① 项目的定位需根据图纸路线设计分册中平竖曲线表在 AutodeskCivil3D 建立空间三维曲线模型并提取逐桩坐标表。

② 当坐标值大于 33km 时，Revit 会无法支持，需将坐标值的前几位减去，保留 6 位数字，即变相移动项目基点（链接 Revit 模型不受影响）。

③ 在导图土建 IFC/PDF 图纸/CAD 图纸为参考模型时，要注意导入的参考模型单位是否正确（图 3-12）。

2）采用 CAD 底图定位

应遵循以下定位原则：

① 一般为路程或里程起点；

② 可以在轴网确定后设置，也可以在项目建模完成后设置。

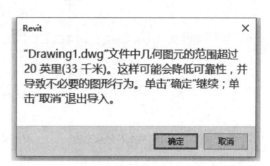

图 3-12　Revit 图形范围限制

3.2.2　市政路桥模型命名标准

（1）文件夹命名管理

1）工程文件管理

建模过程中应及时整理工程文件，使用 Excel 表格工具整理成清单，将工程文件的版本、特点备注明确，以方便快速查找（表 3-2）。

工程文件管理清单　　　　　　　　　　　　　　表 3-2

一级文件夹	二级文件夹	三级文件夹	工程文件	工程文件说明
××桥梁项目工程文件		综合模型		
	主体模型	混凝土结构模型		
		钢结构模型		
	地形模型			
	临建模型	项目部模型		
		拌合站模型		
		梁场模型		
		其他		
	节点模型	钢筋模型		
		预应力模型		
		钢骨架模型		
		其他		

2）族库管理

建模过程中应及时整理族库文件，使用 Excel 表格工具整理成清单，将族文件的版本、特点备注明确，以方便快速查找及应用（表 3-3）。

族库管理清单 表 3-3

一级文件夹	二级文件夹	三级文件夹	族文件	族特点说明
××桥梁项目族库	基础及下部构造	桩基		
		桩系梁		
		承台		
		墩台		
		墩系梁		
		盖梁		
		支座垫石		
	上部构造现场浇筑	悬浇箱梁		
		索塔		
		现浇箱梁		
		齿板		
	上部构造预制和安装	预制箱梁		
		预制T梁		
		斜拉索		
		悬索		
		吊索		
	总体、桥面系和附属工程	护栏		
		桥面铺装		
		支座		
		桥头搭板		
		路面标线		

(2) 工程命名管理

1) 单体工程

① 桥梁工程：统一采用【桥梁中心桩号-桥名-土建模型-版本号】，例如：【K48＋449.50-××大桥-土建模型-V1.0】。

② 道路工程：统一采用【道路-首桩号-尾桩号-土建模型-版本号】，例如：【道路-YK48＋500.0-YK48＋595.0-土建模型-V1.0】。

③ 桥梁工程（钢结构部分）：统一采用【桥梁中心桩号-桥名-钢结构模型-版本号】，例如：【K40＋626-××大桥-钢结构模型-V1.0】。

2) 综合工程

综合工程按照标段划分，每个标段为一个项目文件，工程名称命名为【项目名-标段名-土建模型-版本号】。

每个项目文件由单体模型链接而成，单体模型按照上述相应方式命名。

(3) 构件命名管理

根据模型的拆分原则，桥梁构件的命名标准见表 3-4。

族/类型命名标准   表 3-4

项目类型	构件	族名称	类型名称
桥梁	桩基	桩基类型	桥名-左(右)幅-桩基-墩号-编号
	桩顶系梁	桩顶系梁	桥名-左(右)幅-桩顶系梁-墩号-编号(多系梁情况)
	墩	墩类型	桥名-左(右)幅-墩身-墩号-编号-段编号(分段浇筑)
	墩间系梁	墩间系梁	桥名-左(右)幅-墩间系梁-墩号-编号(多系梁情况)
	承台	承台类型	桥名-左(右)幅-承台-墩号
	盖梁	盖梁类型	桥名-左(右)幅-盖梁-墩号
	背墙	背墙	桥名-左(右)幅-背墙-墩号
	肩墙	肩墙	桥名-左(右)幅-肩墙-墩号
	T梁/箱梁	T梁-长度	桥名-左(右)幅-第×跨-T梁-编号
	湿接缝	湿接缝-长度	桥名-左(右)幅-第×跨-湿接缝-编号
	端部混凝土	端部混凝土1-长度	桥名-左(右)幅-第×跨-端部混凝土1-编号
		端部混凝土2-长度	桥名-左(右)幅-第×跨-端部混凝土2-编号
	横隔板	横隔板-长度	桥名-左(右)幅-第×跨-横隔板-编号
	T梁跨间现浇段	中横梁	桥名-左(右)幅-中横梁-墩号
	箱梁(悬浇)	箱梁(桥名)	桥名-左(右)幅-箱梁-主墩号-中(边)跨-箱梁编号
	现浇箱梁(非悬浇)	箱梁(桥名)	桥名-左(右)幅-第×跨-箱梁
	垫石	垫石	桥名-左(右)幅-垫石-墩号-编号
	支座	支座	桥名-左(右)幅-支座-墩号-编号
	主塔	主塔(桥名)	桥名-左(右)幅-主塔-主墩号-段编号(分段浇筑)
	斜拉索	斜拉索(桥名)	桥名-左(右)幅-斜拉索-主墩号-拉索编号
	防撞墙	防撞墙	桥名-左(右)幅-第×跨-防撞墙-内(外)侧-编号(以伸缩缝为界)
	桥面铺装	桥面铺装	桥名-左(右)幅-第×跨-桥面铺装-编号(以伸缩缝为界)

(4) 构件信息命名管理

1) 参数名称

各构件参数名称的设置参考设计图自带的参数命名,在 Revit 中以共享参数形式实现标准化统一;桥梁项目共享参数组及参数命名见表 3-5。

参数命名标准   表 3-5

共享参数文件	共享参数组	参 数
桥梁-构件参数	桩基	桩基-××(参数名,如长、宽、高)
	桩顶系梁	桩顶系梁-××
	墩	墩-××
	墩间系梁	墩间系梁-××
	承台	承台-××

续表

共享参数文件	共享参数组	参　　数
桥梁-构件参数	盖梁	盖梁-××
	背墙	背墙-××
	肩墙	肩墙-××
	T梁/箱梁	T梁/箱梁-××
	湿接缝	湿接缝-××
	端部混凝土	端部混凝土-××
	横隔板	横隔板-××
	T梁跨间现浇段	T梁跨间现浇段-××
	垫石	垫石-××
	支座	支座-××
	主塔	主塔-××
	斜拉索	斜拉索-××
	防撞墙	防撞墙-××
	桥面铺装	桥面铺装-××
	材质	构件名-细分部件名-材质

2）材质名称（表3-6）

材质命名标准 表3-6

项目类型	构件	材质名称
桥梁	桩基	桩基-××（材质名称，如C35混凝土）
	桩顶系梁	桩顶系梁-××
	墩	墩-××
	墩间系梁	墩间系梁-××
	承台	承台-××
	盖梁	盖梁-××
	背墙	背墙-××
	肩墙	肩墙-××
	T梁/箱梁	T梁/箱梁-××
	湿接缝	湿接缝-××
	端部混凝土	端部混凝土-××
	横隔板	横隔板-××
	T梁跨间现浇段	T梁跨间现浇段-××
	垫石	垫石-××
	支座	支座-××
	主塔	主塔-××
	斜拉索	斜拉索-××
	防撞墙	防撞墙-××
	桥面铺装	桥面铺装-××

3.2.3 市政路桥模型建模精度

市政工程项目建模精度见表 3-7。

市政项目建模精度   表 3-7

一、地形、地质		
地形	精确	要求:如果做场地模型,需要做地形的场地平整
地质	精确	要求:根据测点信息或断面图分层建立地质模型
二、桥梁工程		
基础及下部构造		
钻孔灌注桩	精确	几何信息:桩位,孔深,孔径 非几何信息:材料,工程量
承台等大体积混凝土	精确	几何信息:平面尺寸,高度,顶面高程 非几何信息:材料,工程量
混凝土墩、台	精确	几何信息:断面尺寸,顶面高程,预埋件位置 非几何信息:材料,工程量
墩、台帽或盖梁	精确	几何信息:断面尺寸,顶面高程 非几何信息:材料,工程量
支座垫石和挡块	精确	几何信息:断面尺寸,顶面高程 非几何信息:材料,工程量
上部构造预制和安装		
预制安装梁、板	精确	几何信息:断面尺寸,长度,顶面高程,横坡 非几何信息:材料,工程量
悬臂施工梁	精确	几何信息:断面尺寸,长度,顶面高程,横坡 非几何信息:材料,工程量,合龙段混凝土强度
顶推施工梁	精确	几何信息:断面尺寸,长度,顶面高程,横坡 非几何信息:材料,工程量
转体施工梁	精确	几何信息:封闭转盘和合龙段混凝土强度,梁顶面高程 非几何信息:材料,工程量
钢板梁	精确	几何信息:梁高,跨度,梁长,拱度,焊缝尺寸 非几何信息:材料,工程量
钢桁梁	精确	几何信息:节段长度,节段高度,节段宽度,对角线长度差,拱度,焊缝尺寸 非几何信息:材料,工程量
钢箱梁	精确	几何信息:梁高,跨度,全长,腹板中心距,横断面对角线差,拱度,焊缝尺寸 非几何信息:材料,工程量
上部构造现场浇筑		
就地浇筑梁、板	精确	几何信息:断面尺寸,长度,顶面高程,与相邻梁段间错台,横坡,平整度 非几何信息:材料,工程量

上部构造现场浇筑		
悬臂施工梁	精确	几何信息:断面尺寸,长度,顶面高程,横坡 非几何信息:材料,工程量
桥面系、附属工程及桥梁总体		
水泥混凝土 桥面铺装	精确	几何信息:厚度,横坡,抗滑构造深度 非几何信息:材料,工程量
沥青混凝土 桥面铺装	精确	几何信息:厚度,横坡,抗滑构造深度 非几何信息:材料,工程量,压实度,渗水系数
钢桥面板上 沥青混凝土铺装	精确	几何信息:厚度,横坡,抗滑构造深度 非几何信息:材料,工程量,压实度,渗水系数,摩擦系数
支座	精确	几何信息:支座高程 非几何信息:材料,工程量
伸缩装置	精确	几何信息:长度,缝宽,纵坡,焊缝尺寸 非几何信息:材料,工程量
桥头搭板	精确	几何信息:断面尺寸,顶面高程 非几何信息:材料,工程量
特大斜拉桥、悬索桥项目(与上表一般桥梁项目重复项不列出)		
索塔	精确	几何信息:外轮廓尺寸,壁厚,顶底面高程,预埋件位置 非几何信息:材料,工程量
索塔横梁	精确	几何信息:外轮廓尺寸,壁厚,顶底面高程 非几何信息:材料,工程量
斜拉索	精确	几何信息:钢绞线根数,长度,套管直径 非几何信息:材料,工程量,索力值
锚碇	精确	几何信息:平面尺寸,土质基底高程/石质基地高程,顶面高程 非几何信息:材料,工程量
主缆	精确	几何信息:中跨、边跨基准索股高程,上、下游高差基准索股高程,相对于基准索股一般索股高程,防护层厚度 非几何信息:材料,工程量
索鞍	精确	几何信息:鞍座底面对中心索槽底的高度,鞍槽的轮廓圆弧半径,各槽宽度、深度,加工后鞍槽底部及侧壁厚度,底板高程,底板四角高差 非几何信息:材料,工程量
索夹	精确	几何信息:索夹内径、长度、壁厚,耳板销孔中心偏位、内径、螺孔中心偏位、直径 非几何信息:材料,工程量
吊索	精确	几何信息:吊索调整后长度,销轴直径,叉形耳板销孔中心偏位,锚头顶压索股外移量 非几何信息:材料,工程量

3.2.4　市政路桥模型算量模式

（1）混凝土

1）建模阶段

以【混凝土设计量】参数记录图纸上给出的混凝土量。

以【混凝土模型量】参数记录模型的【体积】参数数据。

2）实施阶段

以【混凝土实际量】参数记录实际施工过程中的混凝土消耗量。

（2）钢筋

1）建模阶段

以【钢筋设计量】参数记录图纸上给出的钢筋量。

2）实施阶段

以【钢筋实际量】参数记录实际施工过程中的钢筋消耗量。

（3）土石方

1）建模阶段

以【路基土方设计量】【路基石方设计量】参数记录图纸给出的土石方量（正值为填方量，负值为挖方量）。

2）实施阶段

以【路基土方实际量】【路基石方实际量】参数记录实际施工给出的土石方量（正值为填方量，负值为挖方量）。

本章小结

本教材在建模软件上采用 Autodesk 公司的 Revit 系列软件来进行市政路桥的 BIM 建模，软件版本为 2018。本章也介绍了其他的市政路桥建模软件，并做了简要的对比分析。建模流程标准需要注意命名标准和建模精度的统一性。

本　章　习　题

一、单选题

1. 市政路桥类项目建模应采用以下哪一种项目样板（　　）。

A. 构造样板

B. 建筑样板

C. 结构样板

D. 机械样板

2. 市政路桥类项目建模，在软件中应设置单位为（　　）。

A. 米　　　　　B. 厘米　　　　　C. 毫米　　　　　D. 千米

二、多选题

1. 上部结构预制和安装分类下有哪几种构件（　　）。

A. 预制箱梁

B. 预制 T 梁

C. 斜拉索

D. 吊索

E. 索塔

2. 市政路桥类模型算量一般包含以下哪几类工程量（   ）。

A. 混凝土量

B. 钢筋量

C. 土石方量

D. 预埋件数量

E. 预应力管道数量

三、简答题

简述 Autodesk Revit、Bentley MicroStation、Dassault CATIA、Trimble Tekla Structures、MIDAS SmartBDS、Robert McNeel&Associates Rhino 等软件在市政路桥类项目建模中的优势和劣势。

4 Revit软件在市政路桥项目中的操作

知识要点及目标

本章主要在软件操作，项目建模两方面进行介绍：项目的定义、样板文件区分、项目文件建立、族建立的五个命令、参数族的建立、材质赋予等；以及详细介绍了桥梁模型的完整建模。学习者通过本章的学习，能够基本掌握软件操作及桥梁建模的技能。

本章主要围绕 Revit 软件进行讲解，不涉及外部插件。

4.1 市政 BIM 建模基本操作

4.1.1 项目

(1) 项目的定义

在 Revit 中，项目是单个设计信息数据库——建筑信息模型。项目文件包含了工程从几何图形到构造数据的所有设计信息。这些信息包括用于设计模型的构件、项目视图和设计图纸。

项目文件扩展名为".rvt"。

项目样板为项目的初始条件，为新项目提供了初始参数，包括视图样板、已载入的族、已定义的设置（如单位、填充样式、线样式、线宽、视图比例等）和几何图形等。

Revit 中提供了若干样板，用于不同的规程和建筑项目类型。可使用默认样板或定义自定义样板来创建新的项目。

项目样板文件扩展名为".rte"。

(2) 项目的创建和设置

1) 创建项目

创建项目可以采用以下 3 种方式（图 4-1）：

① 按 Ctrl+N。

② 单击"文件"选项卡→新建→项目。

③ 在"最近使用的文件"窗口中的"项目"下，单击"新建"或所需样板的名称。

图 4-1　新建项目样板列表

"最近使用的文件"窗口最多会在"项目"下列出 5 个样板。项目样板为新项目提供了初始设定，定义了设置、样式和基本信息。样板可以简化项目设置、标准化项目文档，并确保遵守标准。

2）使用默认设置创建项目

无项目样板或不使用项目样板也可以创建项目，操作步骤如下（图 4-2）：

① 单击"新建"。

② 在"新建项目"对话框的"样板文件"下，选择"无"。

图 4-2　新建项目

③ 在"未定义度量制"对话框中，选择"英制"或"公制"（图 4-3）。

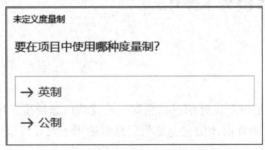

图 4-3　定义度量制

3）设置项目

项目创建完成后可以自定义项目的选项，包括项目单位、材质、填充样式、线样式等。以下内容介绍 2 种市政 BIM 建模所需的项目设置内容和操作方法。

① 指定项目信息。单击"管理"选项卡→"设置"面板→"项目信息"。在"项目信息"对话框中，指定下列内容，如图 4-4、图 4-5 所示。

图 4-4　管理选项卡中的项目信息

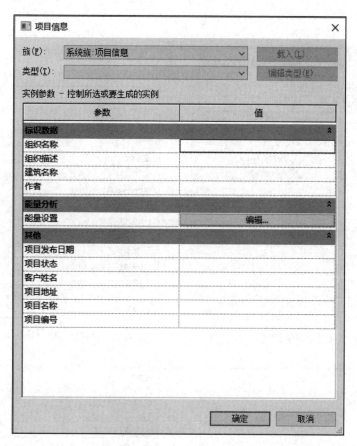

图 4-5 项目信息设置

② 项目单位。设置项目单位可以指定项目中各种数量的显示格式。操作方法如下：
A. 单击"管理"选项卡→"设置"面板→项目单位（图 4-6）。

图 4-6 管理选项卡中的项目单位

B. 在"项目单位"对话框中，选择规程（图 4-7）。

C. 单击"格式"列中的值以修改该单位类型的显示值（图 4-8）。

D. 可以指定"单位"进行修改。

E. 选择一个合适的值作为"舍入"。如果选择了"自定义"，请在"舍入增量"文本框中输入一个值（图 4-9）。

F. 从列表中选择合适的选项作为"单位"符号（图 4-10）。

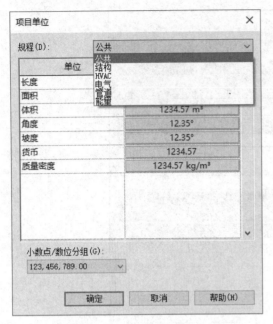

图 4-7 项目单位设置

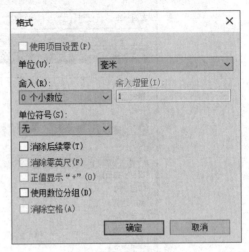

图 4-8 项目单位格式

图 4-9 舍入位数

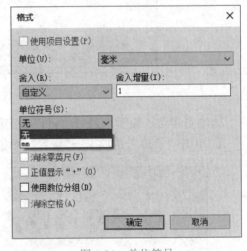

图 4-10 单位符号

G. 可以根据需要勾选：

a. 消除后续零：选择此选项时，将不显示后续零（例如，123.400 将显示为 123.4）。

b. 消除零英尺：选择此选项时，将不显示后续零英尺（例如，0′-4″显示为 4″）。该选项可用于"长度"和"坡度"单位。

c. 正值显示"＋"。

d. 使用数位分组：选择此选项时，在"项目单位"对话框中指定的"小数点/数位分组"选项将应用于单位值。

e. 消除空格：如果选中该选项，将消除英尺和分式英寸两侧的空格（例如，1′- 2″显示为 1′-2″）。该选项可用于"长度"和"坡度"单位。

4.1.2　项目样板

（1）要点及目标

1）掌握项目样板的创建、使用和设置方法。

2）了解项目样板的位置和在列表中添加样板的方法。

（2）创建项目样板

1）单击"文件"选项卡→新建→项目（图4-11）。

2）在"新建项目"对话框的"样板文件"下，选择：

①"无"可从一个空白项目文件创建样板。

②"浏览"可使样板基于现有的项目样板，定位到样板位置。

③从下拉菜单的已有项目样板创建新项目样板（图4-12）。

3）在"新建"下选择"项目样板"（图4-13）。

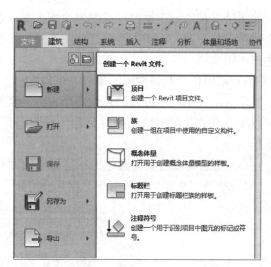

图4-11　创建项目/项目样板

图4-12　选择样板文件

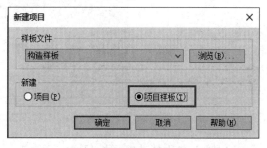

图4-13　选择新建为项目样板

4）单击"确定"。此处需要说明的是：如果此样板不是基于现有样板，则显示"选择初始单位"对话框。指定英制或公制单位（图4-14）。

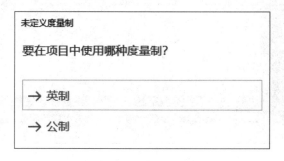

图4-14　设置度量制

（3）其他方法

1）打开现有的样板文件，根据需要修改设置并将其保存为新样板".rte"文件。

2）从一个空白项目文件开始。创建并指定视图、标高、明细表和图纸的名称。通过创建图纸并在图纸上添加空视图创建施工图文档集。将项目另存为样板文件。在使用样板创建项目并开始在视图中绘制几何图形时，图纸中的视图将更新。上述操作方法将自动创建施工图文档。

3）使用包含几何图形的项目，可以在该几何图形的基础上创建新项目。例如，如果已经定义了一个大学校园的几何图形，并且要将此几何图形包含在多个新的大学项目中，可以将含有此几何图形的项目另存为样板。每次用此样板打开项目时，都会包含该几何图形。

（4）将已有项目文件保存为项目样板的方法

1）单击"文件"选项卡→另存为→样板（图 4-15）。

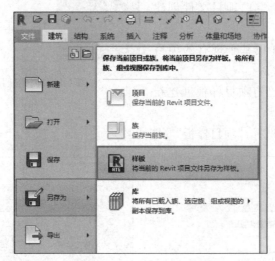

图 4-15　另存项目为项目样板

2）输入名称并选择样板目录（图 4-16）。

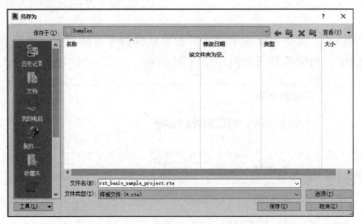

图 4-16　另存位置选择

3）单击"保存"。

（5）使用项目样板

创建新项目时，选择最适合本项目规程和目的的样板。

可按照下列步骤使用自定义样板：

1）在"项目"下的"最近使用的文件"窗口中，从一个简短的样板列表中做出选择（图4-17）。

2）从"新建项目"对话框中访问项目样板的完整列表，包括Revit的默认样板和自定义样板。需要说明的是："最近使用的文件"窗口中可以列出5个最常用的项目样板，便于在开始新项目时访问。

（6）项目样板的位置

图 4-17　在项目样板
列表中选择

可以将项目样板存储在任何能访问的位置。对于将由多个用户使用的样板，可以将样板存储在所有用户都能访问的网络位置。可以在"选项"对话框的"文件位置"选项卡上指定每个项目样板的位置（图4-18）。

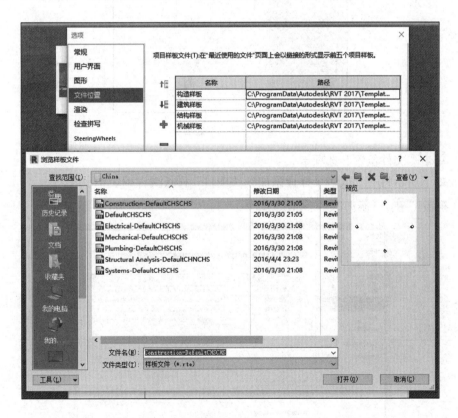

图 4-18　浏览项目样板文件位置

（7）在项目样板列表中添加项目样板

1）创建包含在列表中的项目样板。

2）单击"文件"选项卡→选项（图4-19）。

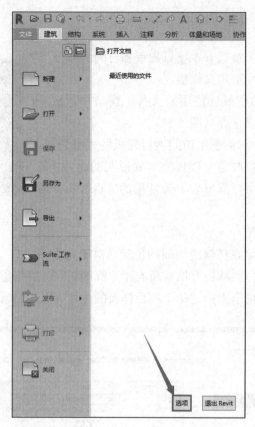

图 4-19   打开软件选项

3）单击"文件位置"选项卡。

4）如下所示将一个或多个样板添加到"项目"样板文件列表中：

① 单击""（添加值），见图 4-20。

图 4-20   添加项目样板

② 定位到所需的项目样板文件，选择该文件，然后单击"打开"。该样板就会添加到列表中。

③ 在"名称"下，将默认样板名称替换成一个有意义的名称（图4-21）。

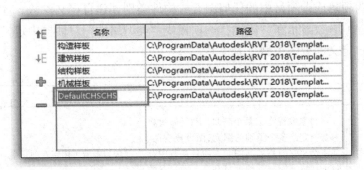

图4-21 重命名项目样板名称

此处需要说明的是：若要更改样板，可以在"路径"列中单击，然后点击浏览按键（图4-22）。

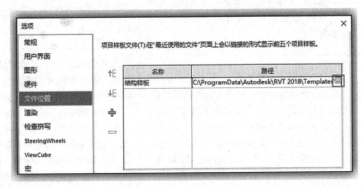

图4-22 更改项目样板

④ 重新排列列表以便将样板调整成所需的顺序。选择一个样板行并使用"➡"（向上移动行）和"⬇"（向下移动行）将样板移动到所需位置。

（8）项目样板设置

定义项目样板设置以在整个项目中保持一致性。

1）项目信息。包括项目名称、项目编号、客户名称等信息。

2）项目设置。可以预定义构件的线样式、材质的填充样式、项目单位、模型视图的捕捉增量等。

3）视图样板。使用视图样板可以确保遵守标准，并实现与施工图文档集的一致性。

4）族。族包含系统族和已载入的族。可以根据需要修改或复制项目的系统族（例如墙）。还可以载入族，例如，常用的族、自定义族和标题栏。

5）项目视图。预定义平面视图、标高、明细表、图例、图纸等。

6）可见性/图形设置。可见性和图形设置是在"对象样式"对话框中针对项目指定的。如有必要，可以逐个视图替换相应的设置。

7）打印设置。预定义打印机和打印设置。

8）项目和共享参数。预定义项目参数并标识共享参数文件。

（9）补充概念：参数

用户可以为项目或者项目中的任何图元或构件类别创建自定义参数。

用户所创建的参数显示在"属性"选项板或"类型属性"对话框中定义的组下，并带有定义的值。自定义参数的类型见表4-1：

参数类型介绍 表 4-1

参数类型	说　明	示　例
项目参数	项目参数特定于某个项目文件。通过将参数指定给多个类别的图元、图纸或视图，系统会将它添加到图元。项目参数中存储的信息不能与其他项目共享。项目参数用于在项目中创建明细表、排序和过滤	项目参数可用于在项目中对视图进行分类
族参数	族参数控制族的变量值，例如，尺寸或材质。它们特定于族。 通过将主体族中的参数关联到嵌套族中的参数，族参数也可用于控制嵌套族中的参数	族参数（例如"宽度"和"高度"）也可以在门族中用于控制不同门类型的尺寸
共享参数	共享参数是参数定义，可用于多个族或项目中。将共享参数定义添加到族或项目后，用户可将其用作族参数或项目参数。因为共享参数的定义存储在不同的文件中（不是在项目或族中），受到保护不可更改。因此，可以标记共享参数，并可将其添加到明细表中	如果需要标记一个族或项目中的参数或将其添加到明细表中，则该参数必须共享并载入到该项目（或图元族）以及标记族中。 当同时为两个不同族的图元创建明细表时，可使用共享参数。例如，如果需要创建两个不同的"独立基础"族，并且需要将这两个族的"厚度"参数添加到明细表的同一列中，此时"厚度"参数必须是在这两个"独立基础"族中载入的共享参数
全局参数	全局参数特定于单个项目文件，但未指定给类别。全局参数可以是简单值、来自表达式的值或使用其他全局参数从模型获取的值。 使用全局参数值来驱动和报告值	全局参数可以相同的值指定给多个尺寸标注。 还可以通过另一图元的尺寸设定某个图元的位置。例如，可以驱动梁驱动以使梁始终偏离其所支撑的楼板。如果楼板设计更改，梁会相应地响应

更多参数的介绍和用法，详见后续实际操作章节。

4.1.3　标高

（1）要点及目标

1）掌握项目标高的创建方法。

2）理解市政项目中标高设置的要求。

（2）标高的创建方法

使用"标高"工具，可定义垂直高度或建筑内的楼层标高。标高是有限水平平面，用作屋顶、楼板和天花板等以标高为主体的图元的参照。要添加标高，必须处于剖面视图或立面视图中。添加标高时，可以创建一个关联的平面视图。

1）直接创建标高

步骤如下：

① 打开要添加标高的剖面视图或立面视图。

② 在功能区上，单击"标高"。

A. "建筑"选项卡→"基准"面板→标高；

B. "结构"选项卡→"基准"面板→标高。

③ 将光标放置在绘图区域之内，然后单击鼠标。

④ 通过水平移动光标绘制标高线。在选项栏上，默认情况下"创建平面视图"处于选中状态。因此，所创建的每个标高都是一个楼层，并且拥有关联楼层平面视图和天花板投影平面视图。如果取消了"创建平面视图"，则认为标高是非楼层的标高或参照标高，并且不创建关联的平面视图（图 4-23）。

图 4-23　创建关联平面视图

如果在选项栏上单击"平面视图类型"，则仅可以选择创建在"平面视图类型"对话框中指定的视图类型（图 4-24）。

⑤ 当标高线达到合适的长度时单击鼠标。通过单击其编号以选择该标高，可以改变其名称。也可以通过单击其尺寸标注来改变标高的高度。

2）从已有标高复制

可以通过直接在立面上复制标高的方式来创建一个新的标高。

（3）市政项目的标高设置要求

市政项目按绝对标高决定构件高度，高程精确度需与图纸一致。

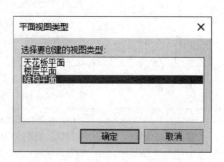

图 4-24　选择创建平面视图类型

所以，市政项目模型没有楼层的概念，不需要定义多个标高，仅需定义基准标高【±0.000m】，所有构件高程均以此为基准，通过"自标高的高度偏移"来定位构件的高程。

4.1.4　族

（1）要点及目标

1）了解族和族样板的定义。

2）掌握族样板的使用方法和规则。

（2）族的定义

族（Family）是一个包含通用属性（称作参数）集和相关图形表示的图元组。族根据参数（属性）集的共用、使用上的相同和图形表示的相似来对图元进行分组。一个族中不同图元的部分或全部属性可能有不同的值，但是属性的设置（其名称与含义）是相同的。

族文件扩展名为".rfa"。

（3）族样板

创建族时，软件会提示选择一个与该族所要创建的图元类型相对应的族样板。

该样板相当于一个构建块，其中包含在开始创建族时以及 Revit 在项目中放置族时所需要的信息。

尽管大多数族样板都是根据其所要创建的图元族的类型进行命名，但也有一些样板在族名称之后包含下列描述符之一：

①基于墙的样板；②基于天花板的样板；③基于楼板的样板；④基于屋顶的样板；⑤基于线的样板；⑥基于面的样板。

基于墙的样板、基于天花板的样板、基于楼板的样板和基于屋顶的样板被称为基于主体的样板。对于基于主体的族而言，只有存在其主体类型的图元时，才能放置在项目中。

1）样板类型

阅读表 4-2 中关于板的说明，以确定哪种样板最能满足需要。

族样板的说明 表 4-2

样板	说　　明
基于墙的样板	使用基于墙的样板可以创建将插入到墙中的构件。有些墙构件(例如门和窗)可以包含洞口,因此在墙上放置该构件时,它会在墙上剪切出一个洞口。基于墙构件的一些示例包括门、窗和照明设备。每个样板中都包括一面墙;为了展示构件与墙之间的配合情况,这面墙是必不可少的
基于天花板	使用基于天花板的样板可以创建将插入到天花板中的构件。有些天花板构件包含洞口,因此在天花板上放置该构件时,它会在天花板上剪切出一个洞口。基于天花板的族示例包括喷水装置和隐蔽式照明设备
基于楼板的样板	使用基于楼板的样板可以创建将插入楼板中的构件。有些楼板构件(例如加热风口)包含洞口,因此在楼板上放置该构件时,它会在楼板上剪切出一个洞口
基于屋顶的样板	使用基于屋顶的样板可以创建将插入屋顶中的构件。有些屋顶构件包含洞口,因此在屋顶上放置该构件时,它会在屋顶上剪切出一个洞口。基于屋顶的族示例包括天窗和屋顶风机
独立样板	独立样板用于不依赖于主体的构件。独立构件可以放置在模型中的任何位置,可以相对于其他独立构件或基于主体的构件添加尺寸标注。独立族的示例包括家具、电气器具、风管以及管件
自适应样板	使用该样板可创建需要灵活适应许多独特上下文条件的构件。例如,自适应构件可以用在通过布置多个符合用户定义限制条件的构件而生成的重复系统中。选择一个自适应样板时,使用概念设计环境中的一个特殊的族编辑器创建体量族
基于线的样板	使用基于线的样板可以创建采用两次拾取放置的详图族和模型族

样板	说　　明
基于面的样板	使用基于面的样板可以创建基于工作平面的族,这些族可以修改它们的主体。从样板创建的族可在主体中进行复杂的剪切。这些族的实例可放置在任何表面上,而不考虑它自身的方向
专用样板	当族需要与模型进行特殊交互时使用专用样板。这些族样板仅特定于一种类型的族。 例如,"结构框架"样板仅可用于创建结构框架构件

2)决定要使用的样板

不要按类别限制对族样板的选择。选择样板时,可以选择主体样式或需要的行为,然后更改类别以匹配所需的族类型。另外,某些类型的族需要特定的族样板才能正常运行(表4-3)。

创建族时的一些参考　　　　　　　　　　　　　　　　表4-3

若要创建	可以从以下样板类型中选择
二维族	1)详图项目; 2)轮廓; 3)注释; 4)标题栏
需要特定功能的三维族	1)栏杆; 2)结构框架; 3)结构桁架; 4)钢筋; 5)基于图案
有主体的三维族	1)基于墙; 2)基于天花板; 3)基于楼板; 4)基于屋顶; 5)基于面
没有主体的三维族	1)基于线; 2)独立(基于标高); 3)自适应样板; 4)基于两个标高(柱)

(4)族类别和族类型

1)族类别

族类别(Category)是一组用于对工程项目进行建模或记录的图元。例如,模型类别包括结构柱、结构框架。注释类别包括标记和文字注释。

2)族类型

属于一个族的不同图元的部分或全部参数可能有不同的值,但是参数(其名称与含义)的集合是相同的。族中的这些变体称作族类型(Family Type)。

3)实例

实例(Family Instance)是放置在项目中的实际项(单个图元),它们在建筑(模型实例）或图纸（注释实例）中都有特定的位置。

4）管理族和族类型

要管理族和族类型，可以使用项目浏览器中的快捷菜单。

① 在项目浏览器中，在"族"下面找到所需的族或类型（图4-25）。

图4-25 管理族

② 管理族和族类型，可以执行以下操作（表4-4）。

管理族的几种操作　　　　　　　　　　　　　　　　表4-4

目标	操作
修改类型属性	在类型上单击鼠标右键，然后单击"类型属性"。 或者，双击类型或将其选中并按 Enter 键
重命名族或类型	在族或类型上单击鼠标右键，然后单击"重命名"。 或者，选择该类型并按 F2 键
从现有类型添加类型	在类型上单击鼠标右键，然后单击"复制"。为该类型输入名称。 类型列表中将显示新类型。双击新类型以打开"类型属性"对话框，并更改新类型的属性
添加新类型	在族上单击鼠标右键，然后单击"新建类型"。为该类型输入名称。 列表中将显示新类型。双击新类型以打开"类型属性"对话框，然后定义新类型的属性
将类型复制并粘贴到其他项目中	在类型上单击右键，然后单击"复制到剪贴板"。 打开其他项目，然后在绘图区域中，按 Ctrl＋V 进行粘贴
重新载入族	在族上单击鼠标右键，然后单击"重新载入"。 浏览到更新族的位置，将其选中并单击"打开"
在"族编辑器"中编辑族	在族上单击鼠标右键，然后单击"编辑"。将在族编辑器中打开族
删除族或类型	在族或类型上单击鼠标右键，然后单击"从项目中删除"。 除了删除项目中的族或类型，该功能还删除模型中现有匹配类型的实例。 此处需要注意的是：不能删除系统族中的最后一个类型

4.1.5　族界面

（1）要点及目标

1）掌握族编辑器界面及设置方法。

2）理解内建族和概念体量的意义和用法。

（2）族编辑器界面

自从 Autodesk 开始使用功能菜单以来，族编辑器的界面都没有过太多改动，项目环境和族编辑器的界面都享用同样的功能工具。但是，族编辑器的工具要比项目的工具少很多，族编辑器的工具是专门为创建族而提供的。

族这个术语在功能和概念上等同于其他 BIM 软件的可载入 3D 构件，例如，在 Archi-CAD 中称作 GDL，在 Vectorworks 中通常称之为符号。族之所以被 Autodesk 选来作为名称是因为构件在项目中的相互关系。

我们可以在族和项目文件之间切换工作，和项目中打开多个视图的切换一样，点击切换窗口按钮就可以实现切换操作（图 4-26）。

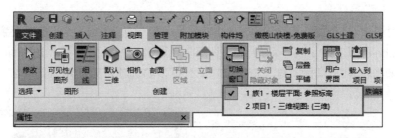

图 4-26　两种切换窗口的方式

下面是族编辑器界面的组成（图 4-27）：

（3）族编辑器的组成部分

1）菜单

显示加载到当前环境中可以使用的标签，包含标签下的面板和工具。

2）选项栏

当启动某个功能或选中某个构件时，显示对应的附加选项功能。选项栏位置是可以重新定位的，可以通过右键点击选项栏并选择固定到底部，从而可以将它固定到绘图区底部，状态栏上方。

3）绘图/模型区

显示正在工作的文件。

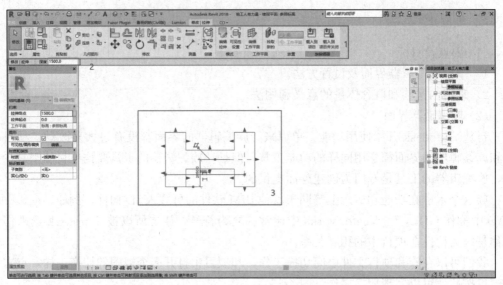

图 4-27　族编辑器界面

在 3D 视图中可以看到 Viewcube 工具。这是一个导航工具，可以通过设置进行隐藏。通过 Viewcube 可以实时了解当前项目模型朝向。点击或拖动它的角、边和面可以实现对模型的旋转操作。点击鼠标右键 Viewcube 会有更多的选项可以使用（图 4-28、图 4-29）。

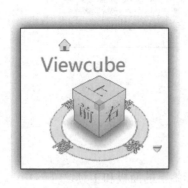

图 4-28　Viewcube

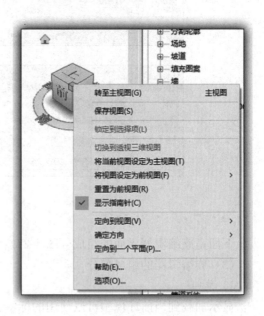

图 4-29　Viewcube 设置

1）属性面板和项目浏览器

当打开一个族样板，默认情况下，绘图区左侧会出现两个固定窗口，就是属性面板和项目浏览器。每个面板都可以通过拖拽它们的标题栏将它们拖移位置（图 4-30、图 4-31）。

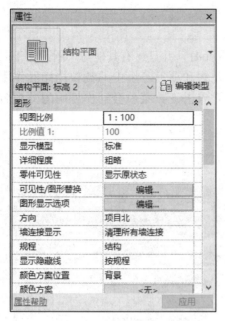

图 4-30 属性面板

图 4-31 项目浏览器

属性面板和项目浏览器可以固定放置在绘图区的顶部、底部、右侧和左侧，也可以让它们浮动于绘图区上。它们还可以并排放置、分开放置（图 4-32、图 4-33）。还可以将他们叠放成一个由标签组成的窗口。

图 4-32 并排放置

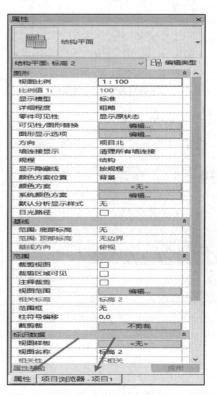

图 4-33 标签合并

属性面板有 4 个重要的功能（图 4-34）：

2）类型选择器

这个面板是灰色不可用的，只有在选中一个图元时，并且还有其他与该图元属于同一个类型的图元时，它才变成可以使用状态。这时，它和项目环境中的类型选择器作用一样。被选中的图元的类型名称会出现在这个位置，点击下拉菜单会列出可用的类型名称（图 4-35）。

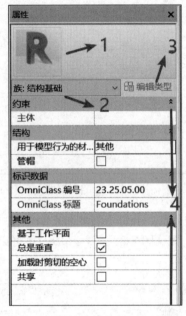

图 4-34 属性面板的 4 个重要组成
1—类型选择器；2—属性过滤器；
3—编辑类型；4—实属性

图 4-35 类型选择器

3）属性过滤器

这是一个下拉列表，该列表包含了当前活动视图属性或所应用的样板属性。当选择了某个图元时，该图元的类型名称也会出现在这个下拉列表中。这个下拉列表同时也是一个过滤器，在每个类型名称后显示了所选择图元的实例数量，在列表中选择某个类型，属性面板将会显示该类型所选实例的属性（图 4-36）。

4）编辑类型

当图元属于一个独立的可载入构件族时，该图元具有对应的参数，当图元处于选择状态时，编辑类型按钮变为可以使用状态。点击该按钮可以打开类型属性对话框，该对话框显示当前图元的用户可编辑或只读属性参数。类型可以被复制以创建一个

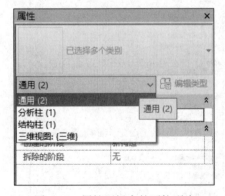

图 4-36 属性面板中的下拉列表

新的类型，所有可编辑参数可以被修改，创建的新的类型会出现在类型选择器中。另外，

从修改标签下的属性面板，也可以打开类型属性参数框（图 4-37）。

5）实例属性

当选择一个图元或构件时，它的只读属性和用户可编辑属性会显示在属性面板中（图 4-38）。

图 4-37　编辑类型

图 4-38　属性面板的主要显示

1—材质按钮；2—关联族参数按钮；3—公式引用标记；
4—文字输入框；5—通过材质参数引用的材质

图 4-38 中，当材质文本框被激活的时候，会在文本框右边显示一个按钮（图注 1），这是材质按钮。点击材质按钮打开材质浏览器。

在文本框右侧的矩形按钮是关联族参数按钮（图注 2），点击打开关联族参数对话框，将参数族已有的参数关联到项目中，或者是新建一个参数并与其关联。

完成后点击【确定】，矩形按钮会显示一个等号标志（图注 3），该标志表示该参数关联到当前环境中的特定参数。文本框显示被选构件或嵌套族材质，文本框内输入一个当前族环境已有材质名称也可以为该材质参数设置相应的材质。

灰色文本（图注 5）标识该材质与材质参数关联，不可用手动修改。

（4）内建族与概念体量

Autodesk 将族分为三种类型：系统族，可载入族和内建族。

内建族和可载入族的唯一不同点就是它们创建的环境不同。内建族是在项目环境中创建的（建筑＞构建＞构件＞内建模型），而可载入族是在族编辑器中创建，这是一个项目外部的独立环境，我们可以将内建族看作是项目环境内的族编辑器。界面与族编辑器界面相同（图 4-39）。

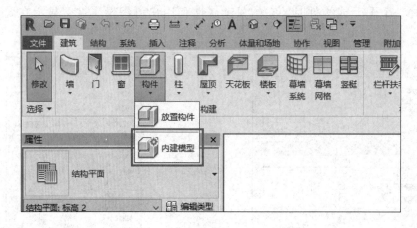

图 4-39　内建模型

除此之外，概念体量构件也是族，但它的创建方式是完全不一样，甚至功能菜单的工具布局都不一样（图 4-40）。概念体量可以创建为可载入形式，也可以在项目中内建（体量和场地＞内建体量）。

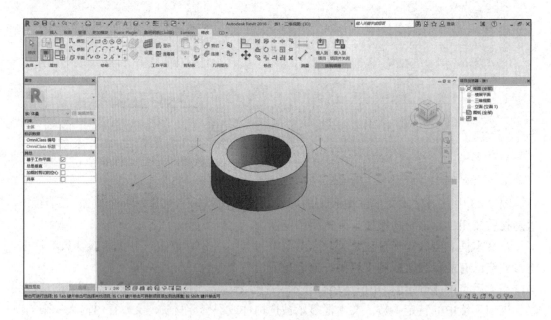

图 4-40　概念体量族编辑器界面

在 Revit 中，概念体量族编辑器是一个独立的环境，和族编辑器一样。创建的概念体量构件可以载入项目环境中并转换为建筑构件（图 4-41）。

点击程序菜单按钮，在新建的展开下级菜单里可以看到一个独立的创建概念体量按钮（图 4-42）。

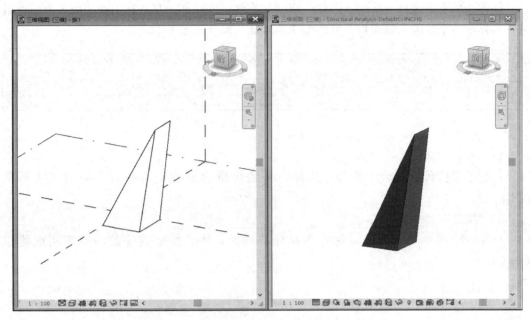

图 4-41　一个体量可以将其面转换成为建筑构件

图 4-42　新建概念体量菜单项

4.1.6　五种形状命令

（1）要点及目标

1）掌握拉伸、融合、旋转、放样、放样融合五种形状命令创建图形。

2）掌握空心形状命令及其与实心图形交互的用法。

（2）基本介绍

1）"创建"选项卡

　　创建选项卡由选择、属性、形状、模型、控件、连接件、基准和工作平面 8 个面板组成，另外有一个族编辑器面板，可将创建的族载入项目（图 4-43）。

图 4-43　创建选项卡

　　2）"形状"面板

　　包括了以拉伸、融合、旋转、放样以及放样融合形成实心或者空心的三维形状（图 4-44）。

　　3）"拉伸"命令

　　拉伸：绘制一个封闭的轮廓作为拉伸的端面，然后设定拉伸的高度来实现建模（图 4-45）。

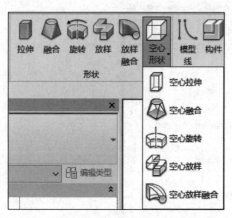

图 4-44　五种形状命令及对应的空心命令

图 4-45　软件中实心拉伸的描述

　　拉伸是建模中最简单实用的命令，操作步骤如下：

　　① 单击"拉伸命令"（图 4-46）。

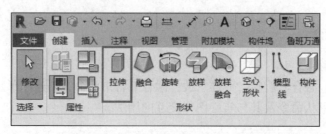

图 4-46　拉伸命令

② 绘制一个闭合轮廓（图 4-47）。

③ 设定拉伸长度，单击"完成"按钮（图 4-48）。"空心拉伸"与"拉伸"操作方法相同（图 4-49、图 4-50）。

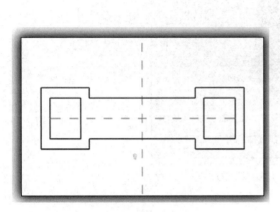

图 4-47 绘制闭合轮廓

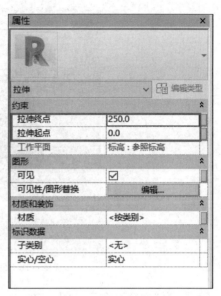

图 4-48 设定拉伸长度

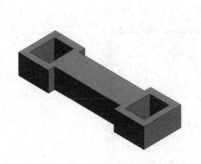

图 4-49 拉伸几何体

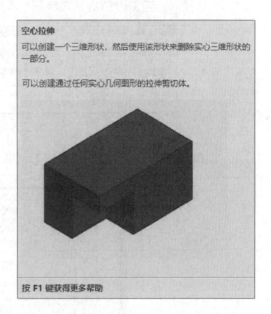

图 4-50 软件中空心拉伸的描述

4）"融合"命令

融合：将两个平行平面上的不同形状的断面进行融合，完成建模（图 4-51）。

操作步骤如下：

图 4-51　软件中实心融合的描述

① 单击"融合"命令（图 4-52）。

图 4-52　融合命令

② 编辑底部轮廓，绘制封闭的图形（图 4-53）。

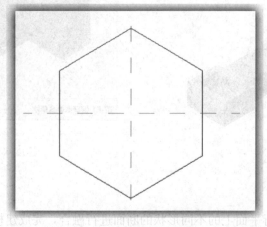

图 4-53　编辑底部轮廓

需要注意的是：融合的顶面和底面不允许有一个以上的环。否则将出现错误提示，如图 4-54 所示。

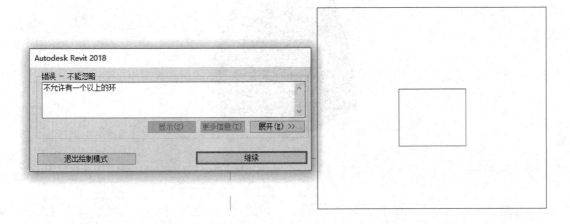

图 4-54 融合命令不允许有一个以上的环

③ 编辑顶部轮廓（图 4-55）。

④ 设定两个面之间的距离（图 4-56）。

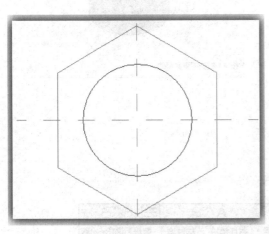

图 4-55 编辑顶部轮廓

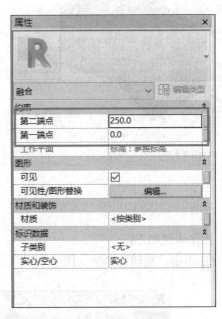

图 4-56 设定融合高度

⑤ 单击"完成"按钮（图 4-57）。

"空心融合"与"融合"操作方法相同（图 4-58）。

5）"旋转"命令

旋转：先绘制需要的图形，并以某轴线为中心旋转一定角度而成的构件（图 4-59）。

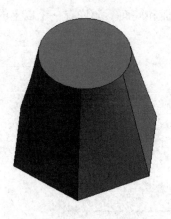

图 4-57　融合几何体

图 4-58　软件中空心融合的描述

图 4-59　软件中实心旋转的描述

操作步骤如下：

① 单击"旋转"命令（图 4-60）。

图 4-60　旋转命令

② 绘制旋转的封闭几何图形（图4-61）。

③ 拾取或绘制轴线（图4-62）。

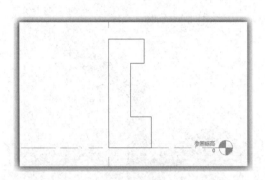

图4-61　绘制旋转轮廓

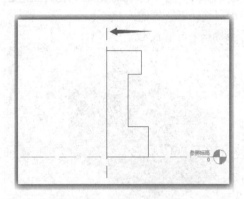

图4-62　拾取或绘制轴线

④ 设定旋转角度等参数（图4-63）。

⑤ 单击"完成"按钮完成命令（图4-64）。

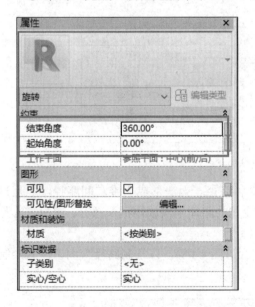

图4-63　设定旋转角度

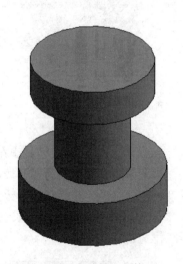

图4-64　旋转几何体

"空心旋转"与"旋转"操作方法按相同（图4-65）。

6)"放样"命令

放样：先绘制需要应用的轮廓，并沿着指定的路径将指定的轮廓进行拉伸以实现建模（图4-66）。

操作步骤如下：

① 单击"放样工具"（图4-67）。

② 绘制路径（2种方法）：

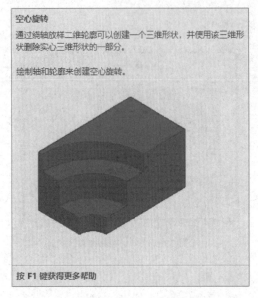

图 4-65　软件中空心旋转的描述　　　　图 4-66　软件中实心放样的描述

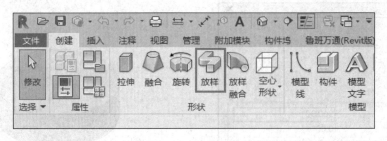

图 4-67　放样命令

　　A. 手动绘制路径，特点是只能在平面上绘制路径，无法形成三维空间路径，但是这种方法是最常用的方法，因为在参数族中拾取变化的路径生成放样不太稳定，解决方法是使用手动绘制的路径，并将路径参数化。

　　B. 拾取路径，特点是可以拾取三维空间路径（图 4-68）。以绘制路径为例，任意绘制一条折线作为路径（图 4-69）。

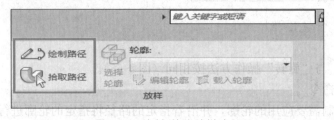

图 4-68　绘制/拾取放样路径

　　③ 绘制轮廓或者选择以载入的轮廓（图 4-70）。

　　以绘制轮廓为例，软件将提示转到其他视图中完成轮廓的编辑，因为编辑轮廓需要在垂直于路径的平面内完成（图 4-71）。

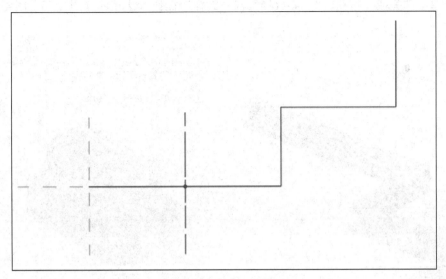

图 4-69　绘制放样路径

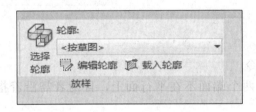

图 4-70　绘制/载入放样轮廓

在右立面中绘制轮廓（图 4-72）。

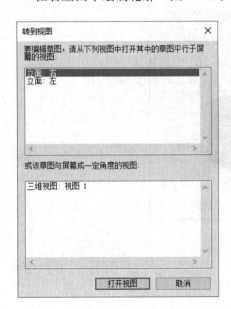

图 4-71　转到编辑轮廓的视图

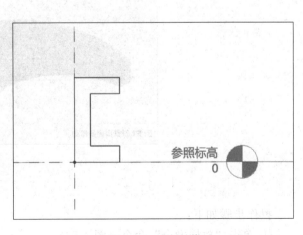

图 4-72　绘制轮廓

市政工程建模

④ 单击"完成"按钮。"空心放样"与"放样"操作方法相同（图 4-73、图 4-74）。

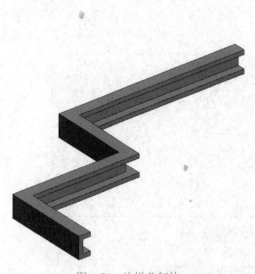

图 4-73　放样几何体

图 4-74　软件中空心放样的描述

7）"放样融合"命令

放样融合：创建的两个端面不在平行面上，且两者需沿着指定路径相融合的构件（图 4-75）。

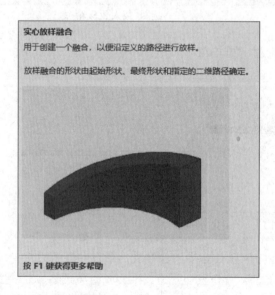

图 4-75　软件中实心放样融合的描述

操作步骤如下：

① 单击"放样融合"命令（图 4-76）。

图 4-76　放样融合命令

② 选择"绘制路径"或"拾取路径"，绘制或三维拾取融合路径（图 4-77、图 4-78）。

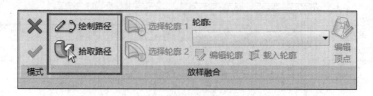

图 4-77　绘制/拾取放样融合路径

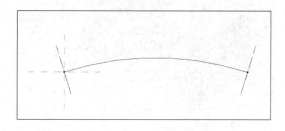

图 4-78　绘制放样融合路径

③ 选择轮廓 1，绘制或选择第一个端面轮廓（图 4-79）。

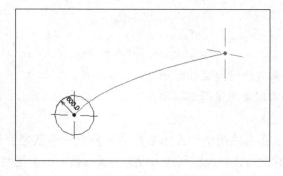

图 4-79　绘制轮廓 1

④ 选择轮廓 2，绘制或选择第二个端面轮廓（图 4-80）。

⑤ 单击"完成"按钮。"空心放样融合"与"放样融合"操作方法相同（图 4-81、图 4-82）。

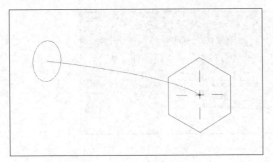

图 4-80　绘制轮廓 2

图 4-81　放样融合几何体

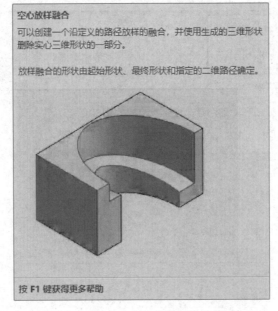

图 4-82　软件中空心放样融合的描述

4.1.7　参数族

（1）要点及目标

1）了解参数族和常规族的定义和区别。

2）掌握参数族和常规族的建模流程和方法。

（2）参数族与常规族

参数族，特点是能够通过调整预设的参数值调整族的形状，例如长度、角度、坡度等，甚至可以利用计算机函数和逻辑判断来设定高级参数，以满足使用要求。

常规族，即非参数族，建完后无法通过改变参数来影响它的形状，所以可以认为它没有活性，因此也称为"死族"。

常规族在操作上与参数族的唯一区别就是不需要设定参数，因为设定参数和调整图元的限制条件工作量较大，且对建模人员的素质要求较高，因此在一些没有必要做参数化的构件建模时，可以做成非参数化的常规族。

下面先介绍参数族的建模方法。

（3）参数族的建模方法

1）以拉伸为例，选择相应得绘图方式，在绘图窗口下绘制图形（图 4-83）。

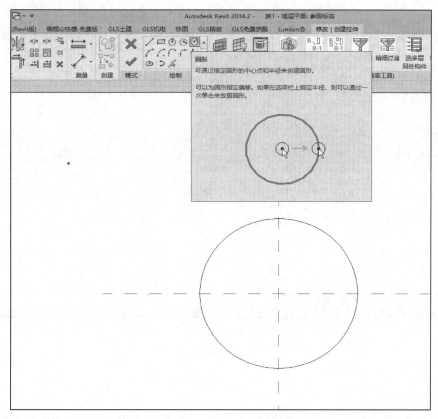

图 4-83　创建一个拉伸图形

2）使用测量工具下的尺寸标注，对绘制的图形进行标注（图 4-84）。

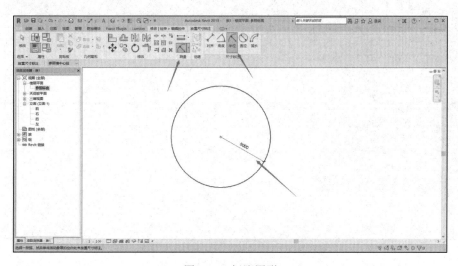

图 4-84　标注图形

3）点击"标注"，选择左上方的标签，在点击"添加参数"，在参数名称下输入名称；（类型与实例参数其他经验专门介绍，这里先选择实例）。常规族建模时，就不需要这一步骤，直接调整形状，点确定即可（图 4-85、图 4-86）。

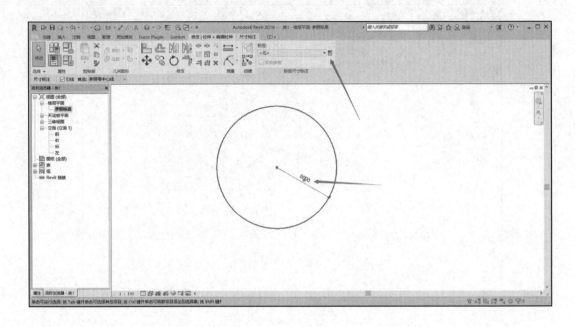

图 4-85　对标注添加参数

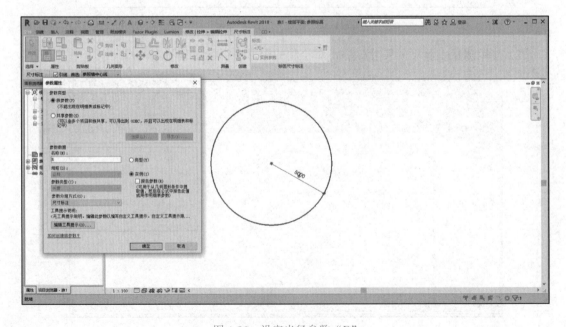

图 4-86　设定半径参数"R"

4）再点击"修改/创建拉伸"命令，并点击模式下的对号，完成编辑（图4-87）。

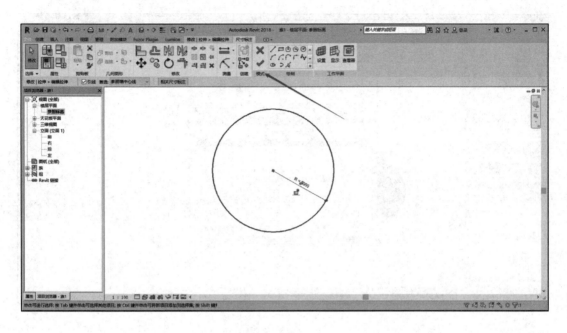

图 4-87　完成编辑

5）进入三维视图点击创建的构件，再点击左侧属性窗口限制条件"拉伸终点"，弹出窗口点击添加参数，再次输入参数名称"H"（实例参数），依次点击"确定"，完成赋予参数过程（图4-88）。

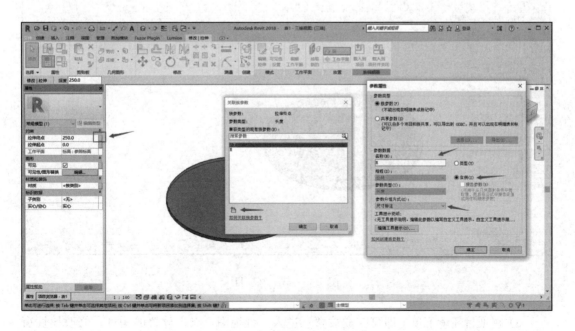

图 4-88　设定高度参数"H"

6）点击左上角"族类型"，看到图 4-89 所示窗口，即完成了一个参数族的绘制。

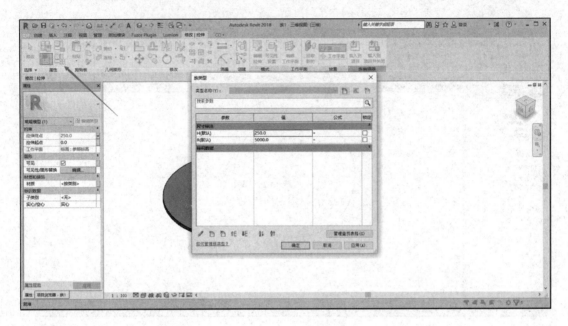

图 4-89　查看/编辑参数

7）载入到项目环境中（图 4-90）。

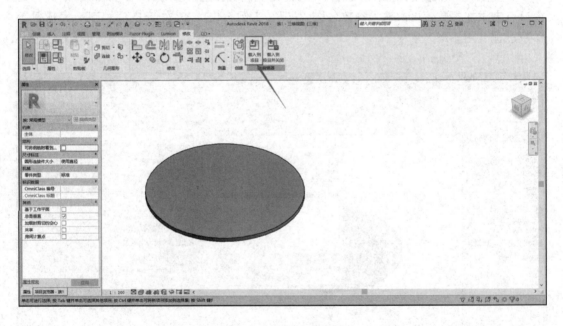

图 4-90　载入到项目

8）在项目环境下单击即可完成放置；进入三维视图，点击放置的构件，修改属性窗口中添加的两个实例参数"*R*""*H*"（图 4-91）。

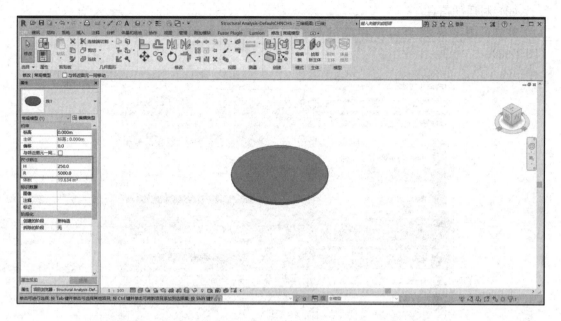

图 4-91　修改构件的实例参数值

9）构件的形状会根据修改的属性值而变化（图 4-92）。

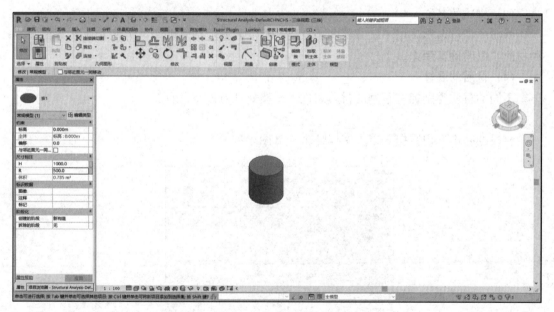

图 4-92　构件形状被修改

4.1.8　材质

（1）要点及目标

1）理解材质的信息类型和内容。

2）掌握材质的创建和关联方法。

（2）材质的信息

在项目中需要赋予构件相应的材质，作用是仿真颜色以及后续的明细表统计（图 4-93）。

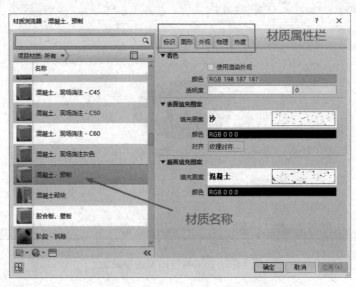

图 4-93　材质浏览器

（3）材质的名称

材质的特有名称，用于区分不同的材质，材质名称应清晰明了，方便专业人员查看各种材质，以明确其用途。

（4）材质的属性

不同的材质类别拥有不用的材质属性。材质属性有以下几种：

1）标识

材质的基本标识数据，以文字属性为主（图 4-94）。

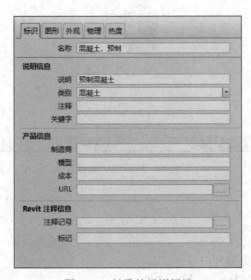

图 4-94　材质的标识属性

2）图形

用于设置材质在线框、隐藏线、着色模式下，材质的外观显示：表面颜色、表面填充图案、截面填充图案（图4-95）。

图 4-95　材质的图形属性

3）外观

用于设置材质在真实模式下，材质的外观显示及材质贴图的相关信息（图4-96）。

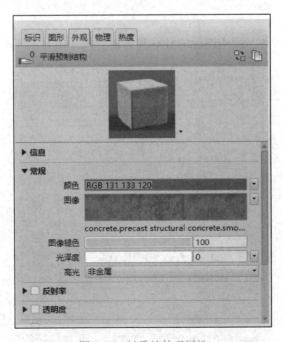

图 4-96　材质的外观属性

4）物理

设置材质的物理属性，这些参数会影响到所采用的图元的计算和分析（图4-97）。

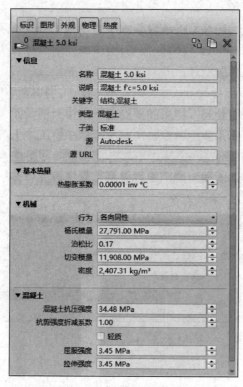

图 4-97　材质的物理属性

5）热度

材质的热度相关参数，影响图元的计算和分析（图 4-98）。

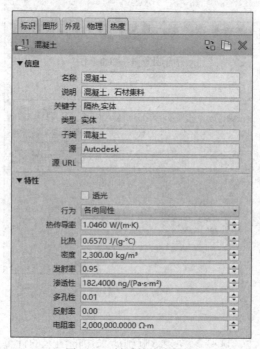

图 4-98　材质的热度属性

前面三种基本属性，任何一种材质都会包含这三种属性，而后面两种属性需要添加对应的物理资源才会有对应的属性。

（5）材质的资源

材质的资源有两种类型：外观和物理资源。

所以我们在新建材质时，需要根据应用需求去添加外观和物理属性。添加资源的步骤如下：

1）打开资源浏览器，找到对应的资源（图4-99）；

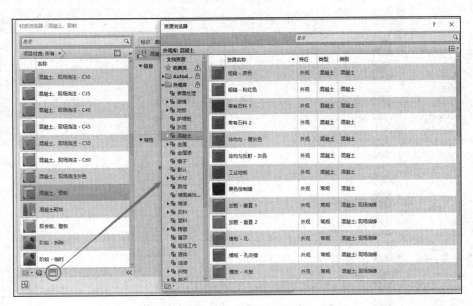

图4-99 打开资源浏览器

点击"打开/关闭资源浏览器"（图4-100）。

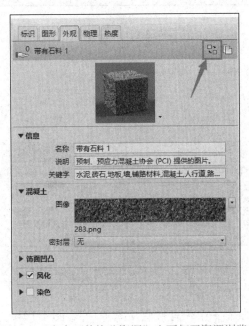

图4-100 点击"替换此资源"也可打开资源浏览器

2）选择资源后，鼠标双击资源或点击资源后面的小按钮"使用此资源替换编辑器中的当前资源"（图 4-101）。

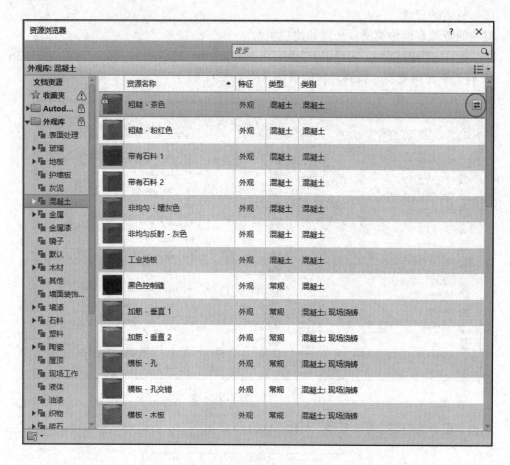

图 4-101　替换资源

（6）材质的创建与关联

1）材质的创建

① 打开材质浏览器（图 4-102）。

图 4-102　打开材质浏览器

② 通过新建材质或复制一个现有材质（图 4-103、图 4-104）。

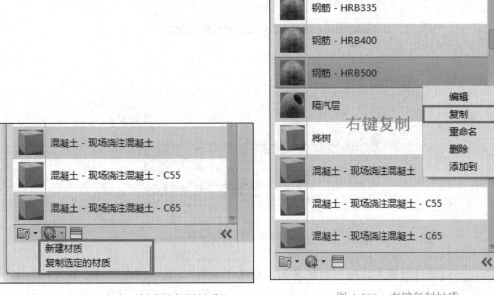

图 4-103 通过点击"创建并复制材质"　　　　图 4-104 右键复制材质

新建材质后需要点击鼠标右键将材质重命名为规定的名称。

③ 更改材质属性

通过资源浏览器选择需要的外观和物理资源。前文已有介绍。

2）材质的关联

① 在族编辑器中完成几何形状的绘制后，点击属性栏的"关联族参数"（图 4-105）。

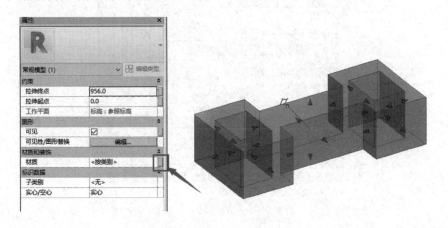

图 4-105 关联族参数

② 在"常规模型"样板中，没有任何默认的材质参数，在其他常用的结构类样板中，有默认的"结构材质"参数可以直接关联。这里点击"新建参数"（图 4-106）。

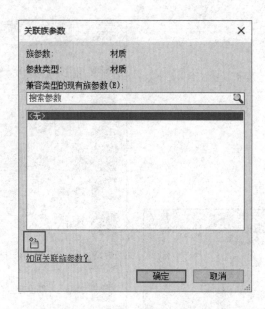

图 4-106 新建"材质"参数

③ 在参数属性设置中，填写参数名称，点选"实例"，表示这个材质参数与构件实例相关，而不是与构件类型相关。注意参数分组方式（图 4-107）。

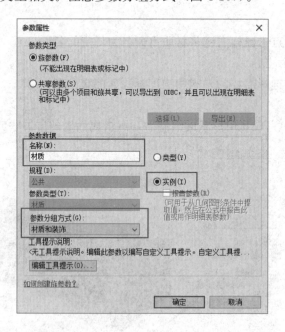

图 4-107 设置"材质"参数

④ 选择所创建的材质参数，点击"确定"完成关联（图 4-108）。

⑤ 注意完成关联后的属性栏变化，据此判断几何形状是否已经全部关联材质（图 4-109）。

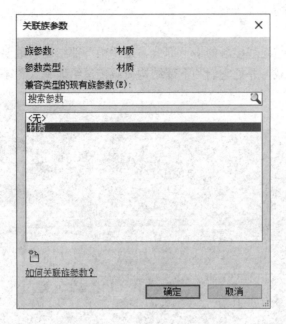

图 4-108 关联"材质"参数

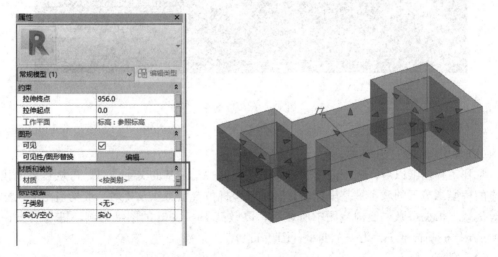

图 4-109 已关联材质参数

4.2 市政 BIM 建模实战操作

4.2.1 桩基

(1) 要点及目标

1) 了解桩基的基本概念。

2) 掌握使用【公制常规模型】样板创建桩基的方法。

3）桩基的放置方法。

（2）基本概念

桩基是桥梁直接与地基接触的最下部分，是桥梁下部结构的重要组成部分。它承受上部结构传来的全部荷载，并把它们和下部结构荷载传递给地基（图4-110）。

图4-110　桩基

（3）识图要点

拿到工程图纸以后，仔细阅读图纸总说明中的关于桩基的文字信息，再从目录中找到对应的桥梁章节下的墩台桩基坐标表查看桩基坐标位置信息以及桥墩一般构造图的尺寸大小等信息。根据桥墩一般构造图中所显示，以墩高 $H \leqslant 30m$ 的图纸为例，桩基的直径为2000mm，桩基长度 H_2 为一个变量（图4-111）。

（4）案例详解

打开Revit软件，新建族，选择【公制常规模型】并打开（图4-112）。

在【属性】面板上打开族类型编辑器进行参数添加，在左下角点击"□"新建参照，跳出参数属性对话框。在参数类型中选择：族参数；参数数据中的名称中输入参数名称：单位工程；修改为实例参数；参数类型为文字；参数分组方式为数据。点击"确定"完成该参数的属性设置。

根据如上步骤按照桩基的分部工程、分项工程、构件类型、墩号、桩号、X坐标、Y坐标、桩基直径、桩基长度、混凝土方量的基本参数设置（具体添加参数可按照项目的需求与标准制定）。其中X坐标和Y坐标的参数类型为数值，桩基直径和桩基长度参数类型为长度（图4-113～图4-115）。

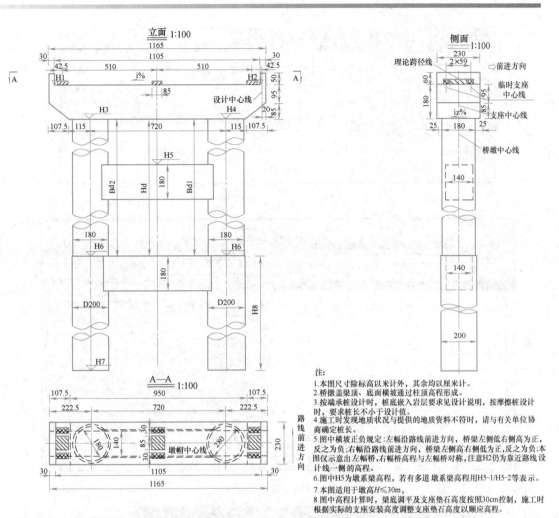

注:
1.本图尺寸除标高以米计外,其余均以厘米计。
2.桥墩盖梁顶、底面横坡通过柱顶高程形成。
3.按端承桩设计时,桩底嵌入岩层要求见设计说明,按摩擦桩设计时,要求桩长不小于设计值。
4.施工时发现地质状况与提供的地质资料不符时,请与有关单位协商确定桩长。
5.图中横坡正负规定:左幅沿路线前进方向,桥梁左侧低右侧高为正,反之为负;右幅沿路线前进方向,桥梁左侧高右侧低为正,反之为负;本图仅示意出左幅桥,右幅桥高程与左幅桥对称,注意H2仍为靠近路线设计线一侧的高程。
6.图中H5为墩系梁高程,若有多道 墩系梁高程用H5-1/H5-2等表示。
7.本图适用于墩高H≤30m。
8.图中高程计算时,梁底调平及支座垫石高度按照30cm控制,施工时根据实际的支座安装高度调整支座垫石高度以顺应高程。

图 4-111 桩基在桥墩一般构造图中

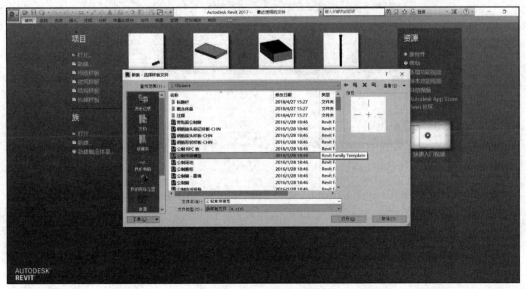

图 4-112 使用公制常规模型创建

图 4-113　打开族类型

图 4-114　新建族参数

参数	值	公式	锁定
数据			
单位工程(默认)		=	
X坐标(m)(默认)	0.0	=	☐
Y坐标(m)(默认)	0.0	=	☐
桩径(默认)	2600.0	=	☐
桩长(默认)	10000.0	=	☐
标识数据			

图 4-115　设定完的参数

在项目浏览器中，选择【参照标高】平面，在【创建】选项卡上选择拉伸命令，创建拉伸（图4-116）。在【修改/创建拉伸】选项卡的【绘制】面板选择"⊙"命令，以参照平面的交点处为圆心绘制一个半径为1000mm的圆形（图4-117）。

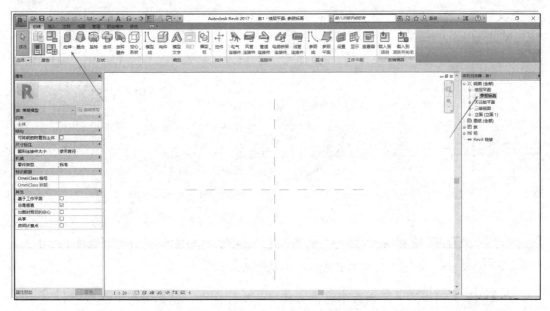

图4-116　在参照标高上创建拉伸

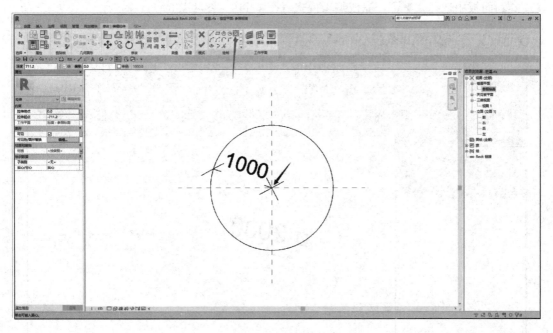

图4-117　绘制拉伸轮廓

选择圆形草图线，将属性窗口的【中心标记可见】的复选框打勾，在【修改/创建拉伸】选项卡的【修改】面板中选择"□"对齐命令将圆心锁到参照平面的交点处（图4-118）。

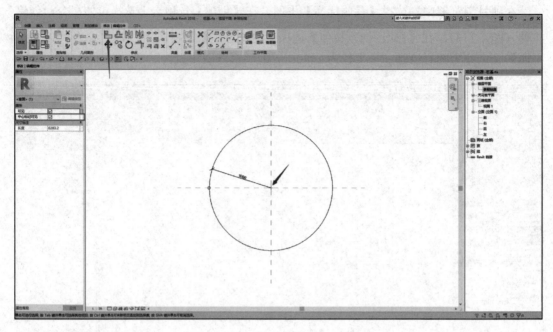

图 4-118　锁定圆心

在【测量】面板的下拉列表中点击直径尺寸标注命令，选择圆形草图线进行尺寸标注。在标签尺寸标注的标签下拉列表中选择之前设置好的【桩基直径】进行参数关联。在【模式】面板中选择"✔"，完成编辑模式（图 4-119、图 4-120）。

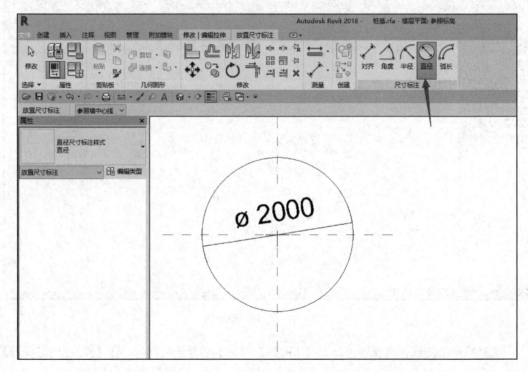

图 4-119　标注桩基半径

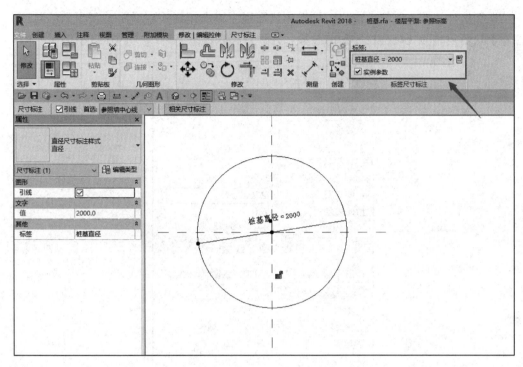

图 4-120 设定桩基直径参数

将视图转到前立面，选择拉伸，通过拖曳蓝色的小三角控制拉伸的高度。将拉伸的底部锁在参照标高上，对拉伸的高度进行尺寸标注并关联到【桩基长度】参数（图 4-121）。

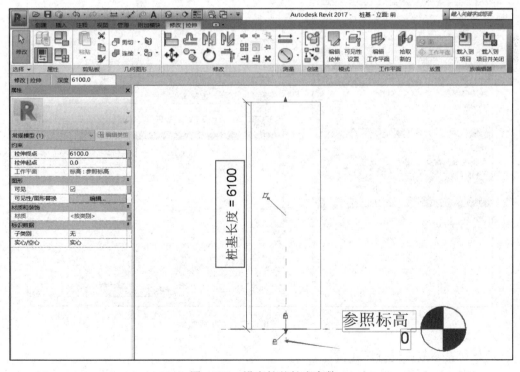

图 4-121 设定桩基长度参数

选择构件，在左侧属性窗口，材质和装饰栏中点击矩形块，弹出关联参数的对话框，在左下角新建名为【结构材质】的参数，并进行关联（图4-122、图4-123）。

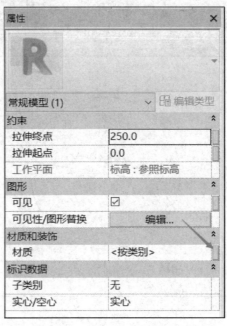

图4-122　打开关联材质

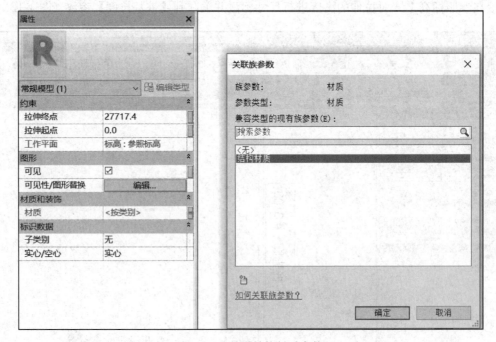

图4-123　关联结构材质参数

将该桩基参数族进行保存。

将族载入项目中，按照底图定位点击布置桩基族，随后按照图纸上的桩径、桩长及标高进行调整，调整完毕如图 4-124 所示：

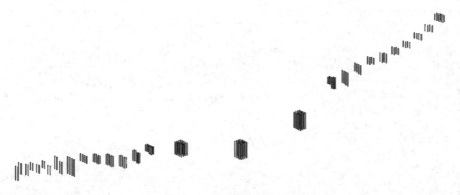

图 4-124　桩基放置完成

4.2.2　承台

（1）要点及目标

1）了解承台的基本概念。

2）掌握承台的建模方法。

（2）基本概念

承台（Bearing Platform）指的是为承受、分布由墩身传递的荷载，在桩基顶部设置的连接各桩顶的钢筋混凝土平台（图 4-125）。承台一般分为高桩承台和低桩承台，高桩承台一般用于港口、码头、海洋工程及桥梁工程。低桩承台一般用于工业与民用房屋建筑物。桩头一般伸入承台 0.1m 并有钢筋锚入承台。承台上再建柱或墩，形成完整的传力体系。

图 4-125　承台

（3）识图要点

拿到工程图纸以后，仔细阅读图纸总说明中关于承台的文字信息，再从目录中找到对应的桥梁章节下的桥墩一般构造图的承台尺寸大小等信息。根据桥墩一般构造图，承台的长度、宽度、高度、均可做成可调整参数（图 4-126）。

（4）案例详解

打开 Revit 软件，新建族，选择公制常规模型并打开。

进行相关参数的设置：单位工程、分部工程、分项工程、构件类型、墩号、承台长度、承台宽度、承台高度、混凝土方量。其中承台长度、承台宽度、承台高度的参数类型为长度。

在项目浏览器中，选择【参照标高】平面，在【创建】选项卡上选择拉伸命令，创建拉伸。在【修改/创建拉伸】选项卡的【绘制】面板选择"✐"命令，绘制一个矩形，需使得矩形的横竖边距基线左右等分（图 4-127）。

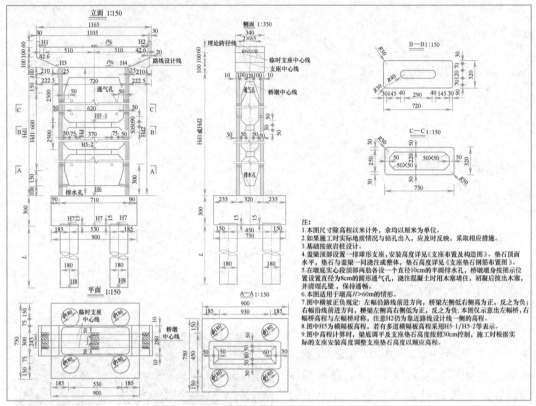

图 4-126 承台一般构造图

在【测量】面板的下拉列表中点击对齐尺寸标注命令，选择矩形的两条竖向草图线和参照平面（中心左右）进行连续尺寸标注，点击"EQ"命令进行等分。选择两条竖向草图线进行尺寸标注，并关联到【承台长度】这个参数，同理进行承台宽度的尺寸标注并关联到相应参数（图 4-128、图 4-129）。

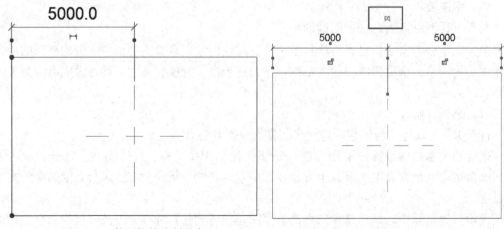

图 4-127　使用拉伸绘制承台　　　　图 4-128　设置图形标注为等分

在标签尺寸标注的标签下拉列表中选择之前设置好的【承台长度】和【承台宽度】进行参数关联。在【模式】面板中选择"✔"，完成编辑模式。

将视图转到前立面，选择拉伸，通过拖曳蓝色的小三角控制拉伸的高度。将拉伸的顶部锁在参照标高上，对拉伸的高度进行尺寸标注，并关联到【承台高度】这个参数（图4-130）。

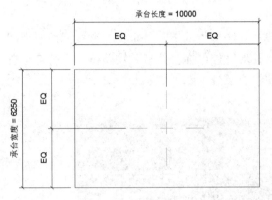

图4-129　设定承台长度和宽度参数　　　　图4-130　设定承台高度参数

选择构件，在左侧属性面板中材质和装饰栏中点击矩形块，弹出关联参数的对话框，在左下角新建名为【结构材质】的参数，并进行关联。

将该承台参数族进行保存。

将族载入项目中，按照已有桩基进行定位，点击布置承台族，随后按照图纸上的承台长度、宽度、厚度及标高进行调整，调整完毕见图4-131：

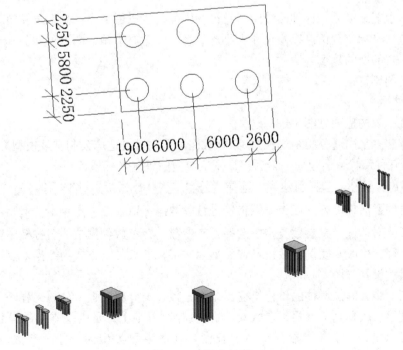

图4-131　承台放置

4.2.3 墩柱

（1）要点及目标

1）掌握结构柱族样板做族。

2）掌握在项目中放置结构柱。

（2）基本概念

墩柱（Pier Stud）即土木工程中用于承载上部结构物的下部承重物。墩柱截面多为圆形，也有椭圆形、方形、曲线形、抛物线形等异形墩柱。在公路桥、铁路桥、人行道等桥梁、立交桥、匝道桥、天桥等工程中是重要的组成部分（图 4-132）。

图 4-132 墩柱

（3）识图要点

拿到工程图纸以后，仔细阅读图纸总说明中的关于墩柱文字信息，再从桥墩一般构造图中查看墩柱坐标位置信息以及尺寸大小等信息，注意右下角的图纸说明。本章讲解两种不同结构形式的墩的建模方法。

（4）案例详解

1）圆柱墩

圆柱墩一般构造图见图 4-133。

一般墩柱多采用【公制结构柱】，异形墩柱可采用【自适应公制常规模型】。根据图纸用 Revit 的五种形状命名建模，最后根据图纸对应的桩基坐标放置。

打开 Revit 软件，选择新建族，选择【公制结构柱族模板】（图 4-134）。

在【属性】面板上打开族类型编辑器进行参数添加，在左下角点击"⟳"新建参照，跳出参数属性对话框。在参数类型中选择：族参数；在参数数据中的名称栏中输入参数名称；单位工程；修改为实例参数；参数类型为文字；参数分组方式为数据，点击确定完成该参数的属性设置（图 4-135）。

按照如上步骤添加墩柱的单位工程、分部工程、子分部工程、分项工程、子分项、构件类型、墩号、墩柱高度（报告参数）、墩柱直径、混凝土方量的基本参数设置。墩柱高度（报告参数）、墩柱直径参数类型为长度，其他参数类型为文字。参数分组为数据（图 4-136、图 4-137）。

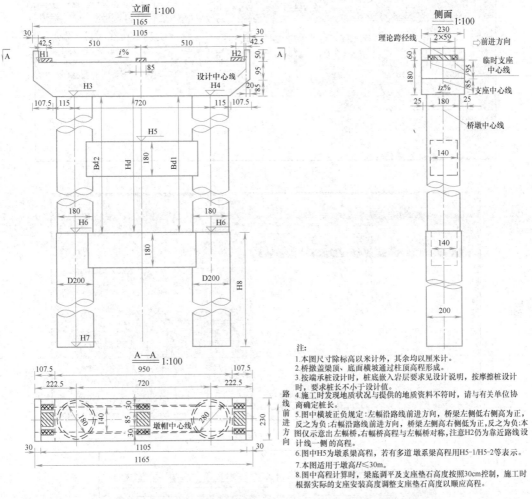

图 4-133　圆柱墩一般构造图

注:
1. 本图尺寸除标高以米计外,其余均以厘米计。
2. 桥墩盖梁顶、底面横坡通过柱顶高程形成。
3. 按端承桩设计时,桩底嵌入岩层要求见设计说明,按摩擦桩设计时,要求桩长不小于设计值。
4. 施工时发现地质状况与提供的地质资料不符时,请与有关单位协商确定桩长。
5. 图中横坡正负规定:左幅沿路线前进方向,桥梁左侧低右侧高为正,反之为负;右幅沿路线前进方向,桥梁左侧高右侧低为正,反之为负;本图仅示意出左幅桥,右幅桥高程与左幅桥对称,注意H2仍为靠近路线设计线一侧的高程。
6. 图中H5为墩系梁高程,若有多道 墩系梁高程用H5-1/H5-2等表示。
7. 本图适用于墩高$H \leqslant 30m$。
8. 图中高程计算时,梁底调平及支座垫石高度按照30cm控制,施工时根据实际的支座安装高度调整支座垫石高度以顺应高程。

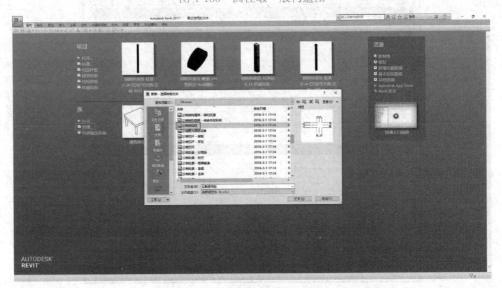

图 4-134　使用公制结构柱新建

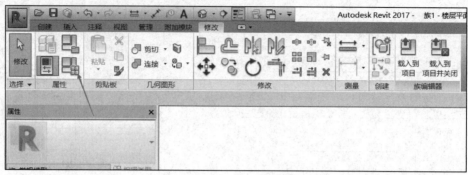

图 4-135　打开族类型

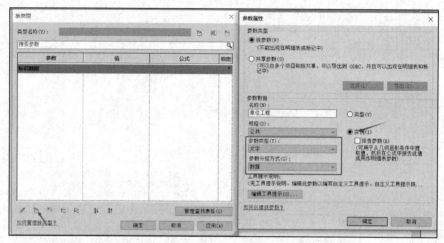

图 4-136　新建族参数

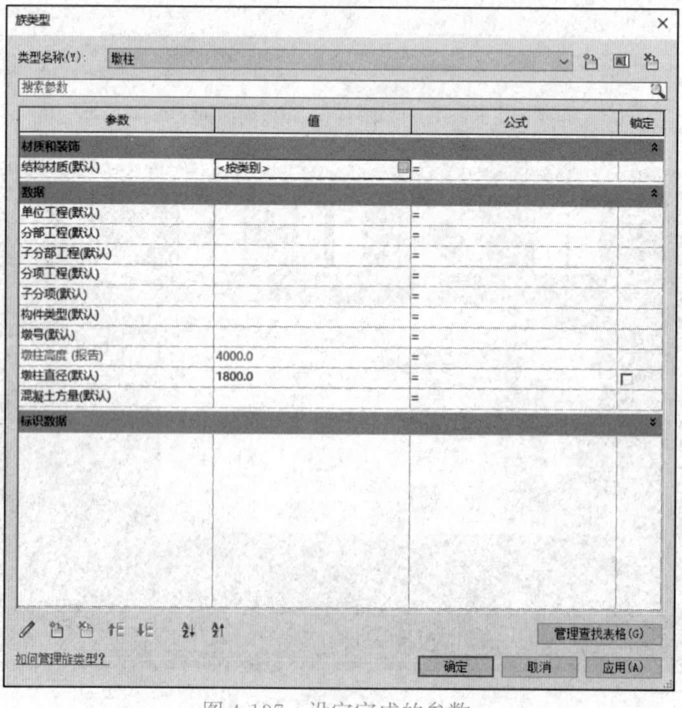

图 4-137　设定完成的参数

在项目浏览器中，选择【低于参照平面】，在【创建】选项卡上选择拉伸命令，创建拉伸（图 4-138）。在【修改/创建拉伸】选项卡的【绘制】面板选择"⊙"命令，以参照平面的交点处为圆心绘制一个圆形（图 4-139）。

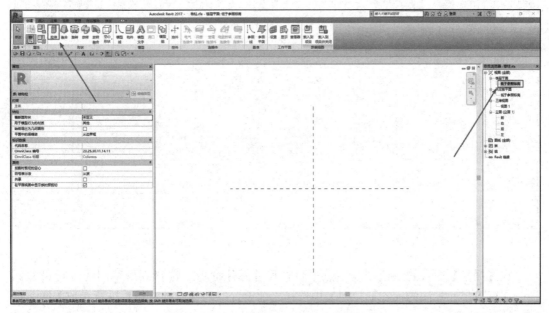

图 4-138　在"低于参照平面"创建拉伸

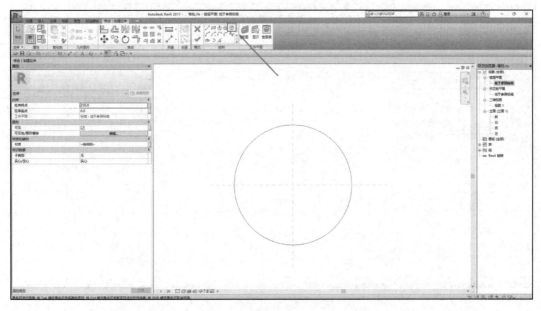

图 4-139　绘制拉伸轮廓

选择圆形草图线，将属性窗口【中心标记可见】的复选框打勾，在【修改/创建拉伸】选项卡的【修改】面板中选择"🔒"对齐命令将圆心锁到参照平面的交点处（图 4-140）。

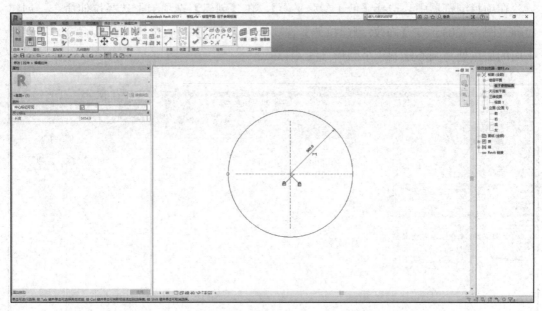

图 4-140　锁定圆心

在【测量】面板的下拉列表中点击直径尺寸标注命令，选择圆形草图线进行尺寸标注。在标签尺寸标注的标签下拉列表中选择之前设置好的【墩柱直径】进行参数关联。在【模式】面板中选择"✔"，完成编辑模式（图 4-141、图 4-142）。

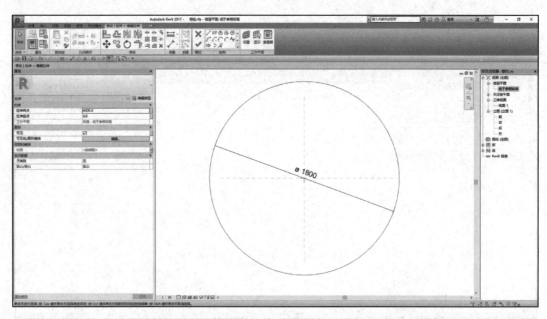

图 4-141　标注墩柱直径

将视图转到前立面，选择拉伸，通过拖曳蓝色的小三角控制拉伸的高度。将拉伸的底部锁在【低于参照标高】，顶部锁在【高于参照标高】，对拉伸的高度进行尺寸标注，并关联到【墩柱高度】参数（图 4-143）。

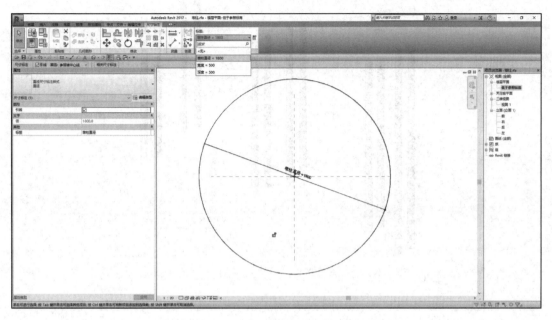

图 4-142　设定墩柱直径参数

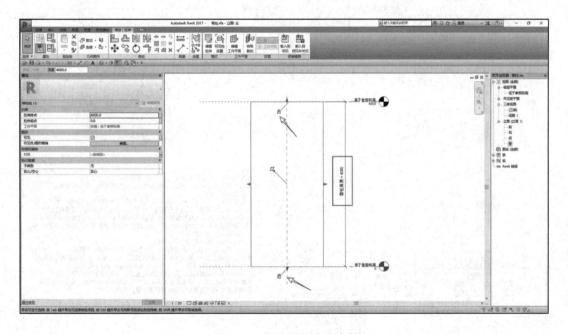

图 4-143　设定墩柱高度参数

　　将族载入项目，利用桩基定位进行放置，并调整标高，墩柱直径，墩长等参数。墩柱的分段只需要在同位置处放置多根墩，并调整成不同高度即可（图 4-144）。

　　2）空心薄壁墩

　　空心薄壁墩构造图见图 4-145。

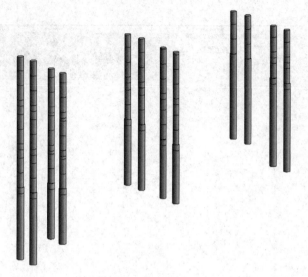

图 4-144 墩身定位放置

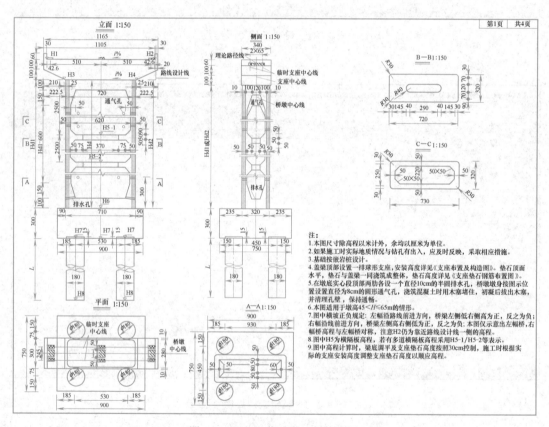

图 4-145 空心薄壁墩一般构造图

一般墩柱多采用【公制结构柱】，异形墩柱可采用【自适应公制常规模型】，再根据图纸用 Revit 的五种形状命名建模，最后根据图纸对应的桩基坐标放置。

打开 Revit 软件，选择新建族，选择【公制结构柱】族样板（图 4-146）。

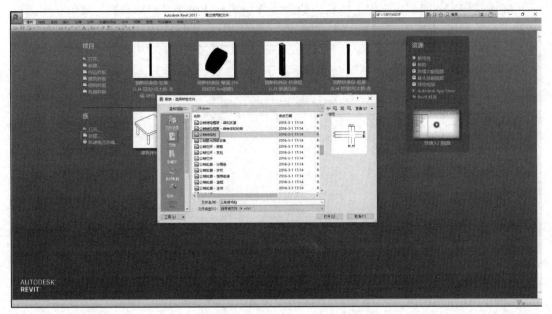

图 4-146 使用公制结构柱新建

在【属性】面板上打开族类型编辑器进行参数添加，在左下角点击"■"新建参照，跳出参数属性对话框。在参数类型中选择：族参数；在参数数据中的名称栏中输入参数名称：单位工程；修改为实例参数；参数类型为文字；参数分组方式为数据，点击确定完成该参数的属性设置。

在项目浏览器中，选择【低于参照平面】，在【创建】选项卡上选择拉伸命令，创建拉伸。在【修改/创建拉伸】选项卡的【绘制】面板选择"▢"命令，以参照平面的交点处为中心绘制一个矩形，并且让矩形的长宽边于基线等分，添加长宽参数（图 4-147）。

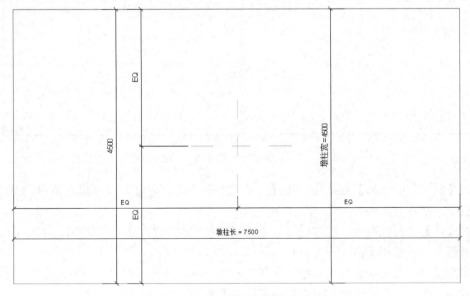

图 4-147 设置拉伸的等分及参数

完成拉伸，切换到前立面，将拉伸的顶底分别锁至【高于参照标高】与【低于参照标高】上，并调整【高于参照标高】的数值（数值需大于所有使用此参数族的墩高），见图 4-148。

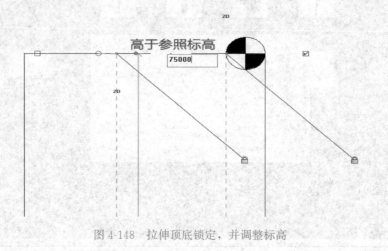

图 4-148　拉伸顶底锁定，并调整标高

在【前】立面做好墩内横隔板的固定尺寸参照平面，以及其余辅助参照平面线，需添加参数，并检查参数是否成功控制辅助线（图 4-149）。

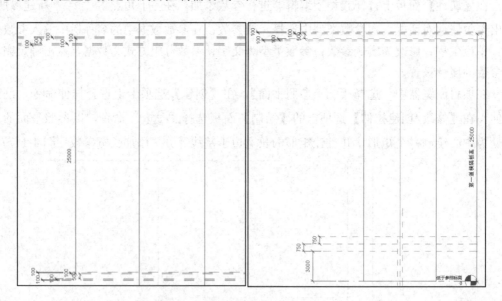

图 4-149　建立辅助参照平面，设置参数

在【低于参照标高】视图中，用【空心拉伸】【空心融合】命令建立墩身内部空心，并设置空心参数（图 4-150）。

在【前】立面视图中，通过拖拉空心的【造型操纵柄】，分别将空心的边锁到相应的参照平面上，并剪切实体（图 4-151）。

将完成的空心墩族载入项目中，利用空心墩与承台的位置关系进行平面定位，平面调整完成后，输入薄壁墩的顶底标高及内部控制参数进行控制调整（图 4-152）。

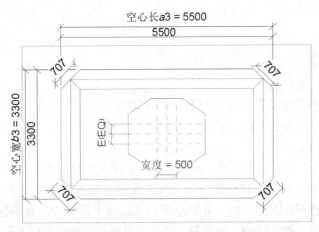

图 4-150　建立墩身内空心及空心参数

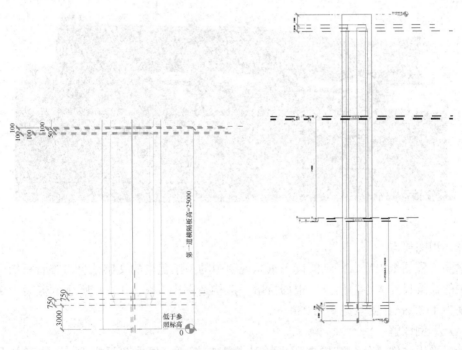

图 4-151　拉伸内空心剪切

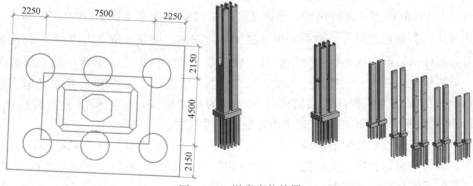

图 4-152　墩身定位放置

4.2.4 盖梁

（1）要点及目标

1）了解盖梁的基本概念。

2）掌握【公制结构框架-梁和支撑】绘制盖梁族。

3）掌握在项目中放盖梁族方法。

（2）基本概念

盖梁（Bent Cap）指的是为支承、分布和传递上部结构的荷载，在排架桩墩顶部设置的横梁，又称帽梁（图4-153）。在桥墩（台）或在排桩上设置钢筋混凝土或少筋混凝土的横梁。主要作用是支撑桥梁上部结构，并将全部荷载传到下部结构。有桥桩直接连接盖梁的，也有桥桩接立柱后再连接盖梁的。对于简支桥梁，盖梁是一个承上启下的重要构件。

图 4-153　盖梁

（3）识图要点

拿到工程图纸以后，仔细阅读图纸总说明中的关于盖梁的文字信息，查看桥墩一般构造图中的盖梁尺寸大小等信息。根据桥墩一般构造图中（图4-154）所显示盖梁为例，盖梁长度为1165cm，盖梁宽度为230cm。

（4）案例详解

盖梁采用软件【公制结构框架-梁和支撑】族样板，根据图纸用Revit的五种形状命令建模，最后根据图纸对应的坐标数据放置。

打开Revit软件，选择新建族，选择【公制结构框架-梁和支撑】（图4-155）。

在【属性】面板上打开族类型编辑器进行参数添加，在左下角点击"🗋"新建参照，跳出参数属性对话框。在参数类型中选择：族参数；参数数据中的名称中输入参数名称：角度、盖梁横坡；均为实例参数；角度参数类型为尺寸标注，盖梁横坡参数类型为数值；角度参数分组方式为数据，盖梁横坡分组方式为尺寸标注，在盖梁横坡参数后加公式"atan（盖梁横坡）"。点击确定，完成该参数的属性设置。

按照如上步骤添加盖梁的单位工程、分部工程、子分部工程、分项工程、子分项、构件类型、墩号、盖梁长度、盖梁宽度、盖梁高度、盖梁横坡、混凝土土方量等的基本参数设置，其他参数根据实际情况添加（图4-156～图4-158）。

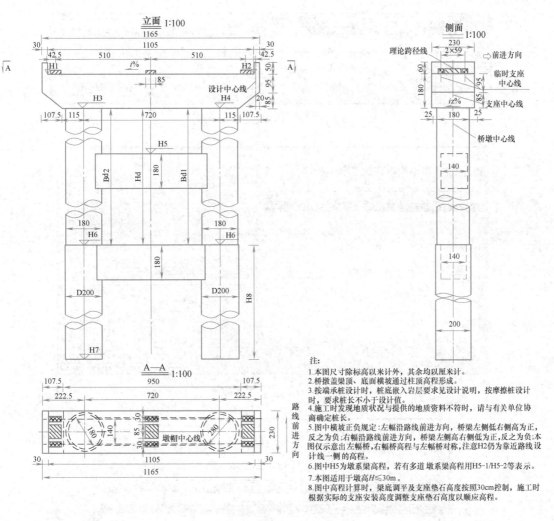

图 4-154　盖梁一般构造图

注:
1.本图尺寸除标高以米计外,其余均以厘米计。
2.桥墩盖梁顶、底面横坡通过柱顶高程形成。
3.按端承桩设计时,桩底嵌入岩层要求见设计说明,按摩擦桩设计时,要求桩长不小于设计值。
4.施工时发现地质状况与提供的地质资料不符时,请与有关单位协商确定桩长。
5.图中横坡正负规定:左幅沿路线前进方向,桥梁左侧低右侧为正,反之为负;右幅沿路线前进方向,桥梁左侧高右侧低为正,之为负;本图仅示意出左幅桥,右幅桥高程与左幅桥对称,注意H2仍为靠近路线设计线一侧的高程。
6.图中H5为墩系梁高程,若有多道 墩系梁高程用H5-1/H5-2等表示。
7.本图适用于墩高H≤30m。
8.图中高程计算时,梁底调平及支座垫石高度按照30cm控制,施工时根据实际的支座安装高度调整支座垫石高度以顺应高程。

图 4-155　盖梁的族样板选择

123

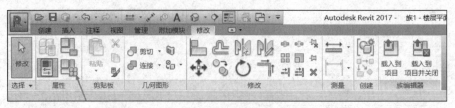

图 4-156　打开族类型编辑器

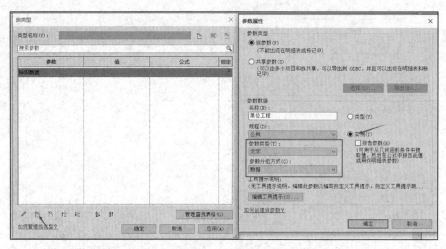

图 4-157　添加参数

参数	值	公式	锁定
材质和装饰			
结构材质(默认)	<按类别>	=	
尺寸标注			
a(默认)	1995.0	=	□
b(默认)	800.0	=	□
e(默认)	155.3	=	□
h(默认)	400.0	=	□
角度(默认)	-1.15°	= atan(盖梁横坡)	□
长度(默认)	1800.0	= 盖梁宽度	□
数据			
单位工程(默认)		=	
分部工程(默认)		=	
子分部工程(默认)		=	
分项工程(默认)		=	
子分项(默认)		=	
构件类型(默认)		=	
梁号(默认)		=	
盖梁长度(默认)	13790.0	=	□
盖梁宽度(默认)	1800.0	=	□
盖梁高度(默认)	1600.0	=	□
盖梁横坡(默认)	-0.020000	=	□
混凝土方量(默认)		=	
其他			
标识数据			

图 4-158　设定完成的参数

盖梁与结构框架族默认的"左""右"参照锁定,中间自己绘制参照平面进行锁定。在【立面】下选择【左】视图。在【创建】选项卡上选择拉伸命令,创建拉伸,根据图纸画出盖梁轮廓线。在【修改/创建拉伸】选项卡的【修改】面板中选择"⟦⟧"对齐命令,将盖梁轮廓线锁定在参照平面上。底边草图线锁定在【参照标高】上;底边草图线和顶边草图线要在中心线处断开并且草图线端点锁定在十字交叉的中心参照平面上(图 4-159)。

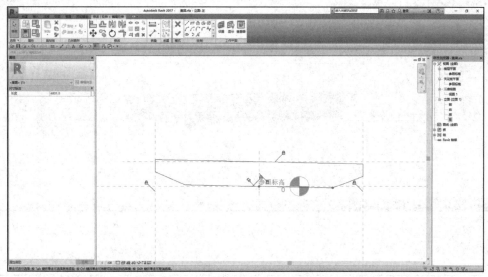

图 4-159 使用拉伸绘制盖梁轮廓

盖梁宜按厚度方向定"左""右"参照。盖梁的底边中点定位在参照平面【中心(前/后)】和【参照标高】的交点上。切换到【参照平面】,添加族模板自带的长度参数。切换到【左】立面,盖梁长度参数,该长度参数需要等分。在编辑模式下完成剩余参数赋予。在【模式】面板中选择"✔",完成编辑模式。完成后,测试参数是否能控制族参变(图 4-160~图 4-162)。

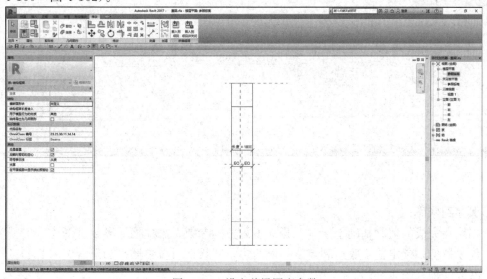

图 4-160 设定盖梁厚度参数

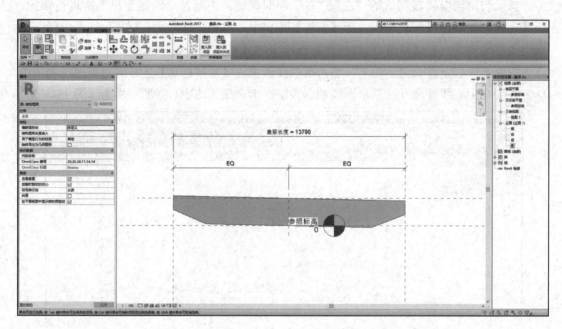

图 4-161　设定盖梁长度参数

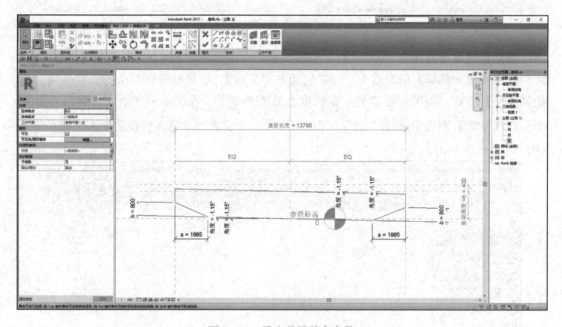

图 4-162　设定盖梁其余参数

保存到族库；

挡块在完成的盖梁基础上绘制。删除不需要的参数，添加挡块参数（图 4-163）。

创建拉伸。锁定盖梁底边和盖梁外侧两边草图线在对应参照平面上（图 4-164）。

参数添加（图 4-165）。

图 4-163 预设挡块参数

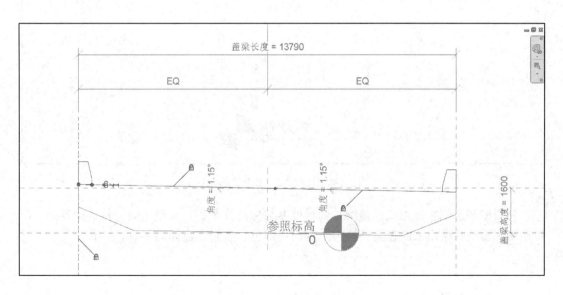

图 4-164 使用拉伸绘制挡块轮廓

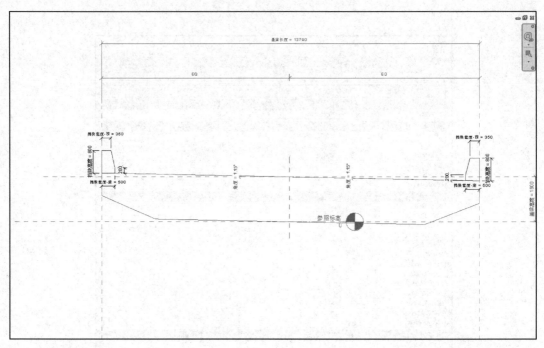

图 4-165 设定挡块参数

在【模式】面板中选择" ✔ ",完成编辑模式。将盖梁删除。另存为挡块族（图 4-166）。

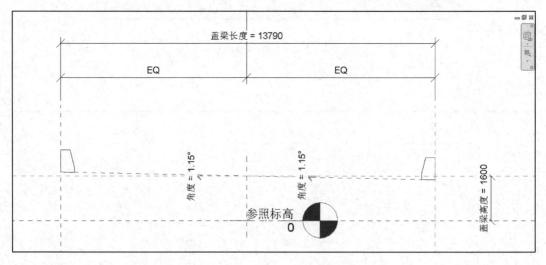

图 4-166 删除盖梁后另存为挡块

利用桩基定位。首先放置盖梁,调整坡度与标高等参数,调整完成后将盖梁复制,原位粘贴,再把粘贴出来的盖梁替换为防震挡块即可。放置完成如图 4-167 所示。

4.2.5 桥台

（1）要点及目标

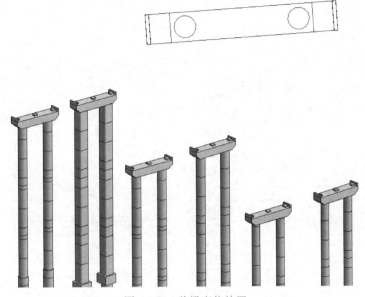

图 4-167　盖梁定位放置

1）了解桥台的基本概念。

2）掌握使用【公制结构基础】样板创建桥台的方法。

（2）基本概念

桥台（Bank Pier）位于桥梁两端，支承桥梁上部结构并和路堤相衔接的建筑物（图 4-168）。其功能除传递桥梁上部结构的荷载到基础外，还具有抵挡台后的填土压力、稳定桥头路基、使桥头线路和桥上线路可靠而平稳连接的作用。桥台一般是石砌或素混凝土结构，轻型桥台则采用钢筋混凝土结构。在岸边或桥孔尽端介于桥梁与路堤连接处的支撑结构物。它起着支撑上部结构和连接两岸道路同时还要挡住桥台背后填土的作用。桥台具有多种形式，主要分为重力式桥台、轻型桥台、框架式桥台、组合式桥台、承拉桥台等。

图 4-168　桥台

（3）识图要点

拿到工程图纸以后，仔细阅读图纸总说明中的关于桥台的文字信息，再从桥台一般构造图中查看位置信息以及尺寸大小等信息，注意右下角的图纸说明（图 4-169）。

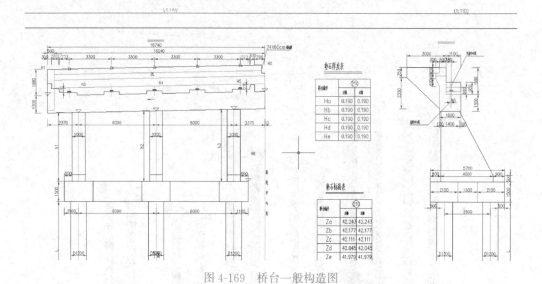

图 4-169　桥台一般构造图

（4）案例详解

桥台采用软件自带的公制结构基础族样板，再根据图纸尺寸信息进行编辑，最后根据图纸对应的墩号位置放置。

打开 Revit 软件，新建族，选择公制结构基础并打开（图 4-170）。

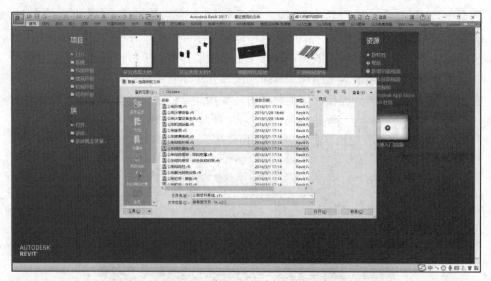

图 4-170　使用公制结构基础新建

在【属性】面板上打开族类型编辑器进行参数添加，在左下角点击 新建参照，跳出参数属性对话框（图 4-171）。在参数类型中选择：族参数；在参数数据中的名称栏中输入参数名称：单位工程；修改为实例参数；参数类型为文字；参数分组方式为数据，点击确定完成该参数的属性设置（图 4-172）。

按照如上步骤完成桥台的单位工程、分部工程、分项工程、构件类型、体积、材质等参数设置（图 4-173）。

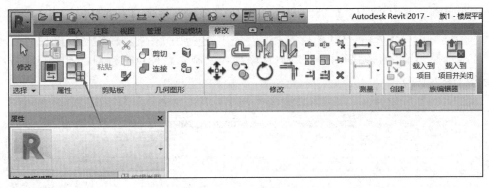

图 4-171　打开族类型

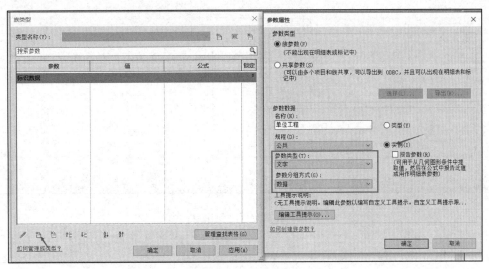

图 4-172　新建族参数

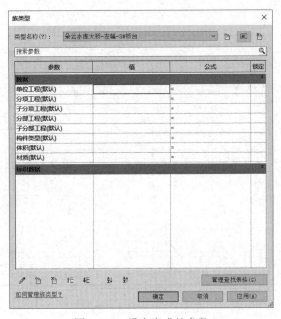

图 4-173　设定完成的参数

在项目浏览器中，选择【前立面】视图，在【创建】选项卡上选择放样命令，创建放样（图 4-174）。在【修改/放样】选项卡中先点击【绘制路径】，在【修改/放样＞绘制路径】面板选择 命令，绘制出对应的放样路径，绘制完路径点击打勾，表示完成路径绘制命令（图 4-175）。

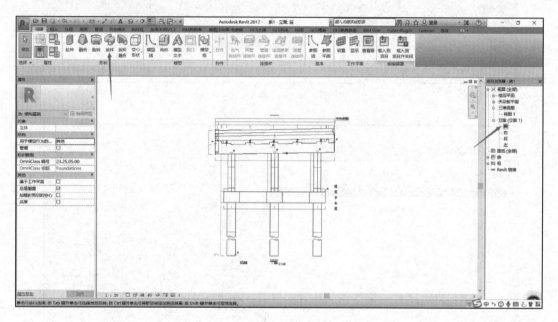

图 4-174　在前立面上使用放样命令

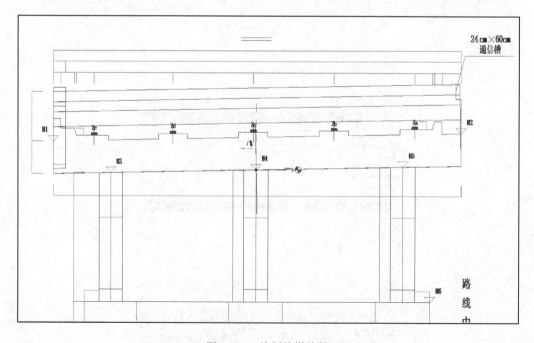

图 4-175　绘制放样路径

点击【编辑轮廓】，点击系统弹出的转换视图框中的左立面（图 4-176），进入左立面视图开始编辑轮廓，在【修改/放样>编辑轮廓】面板选择"⟋"命令，绘制出对应的轮廓形状，完成轮廓绘制并打勾表示结束绘制轮廓。

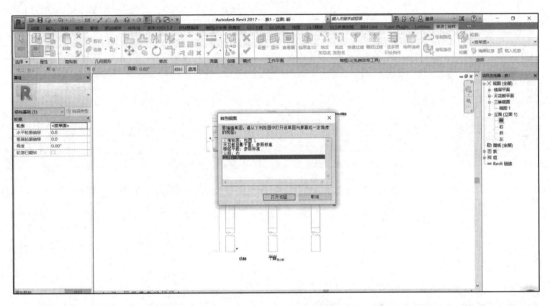

图 4-176　编辑放样轮廓

完成路径绘制和轮廓绘制后，在【修改/放样】面板中选择"✔"，完成编辑模式（图 4-177）。

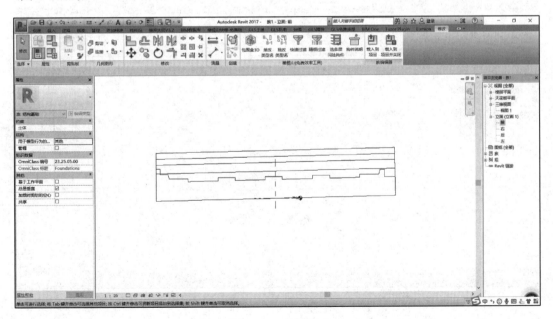

图 4-177　放样完成

将视图转到前立面，选择【空心形状】下的【空心拉伸】，找到对应需要剪切的部分

（图 4-178）。在【修改/空心拉伸＞编辑拉伸】面板中，选择"✎"命令，绘制出需要剪切的部分，完成轮廓绘制后点击面板中选择"✔"，去到左立面拉伸空心体的厚度，点击任意空白处剪切完成（图 4-179）。

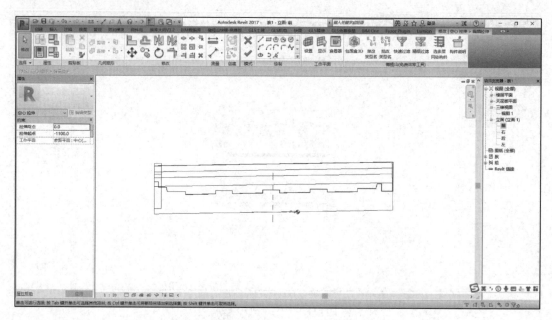

图 4-178　绘制空心拉伸轮廓

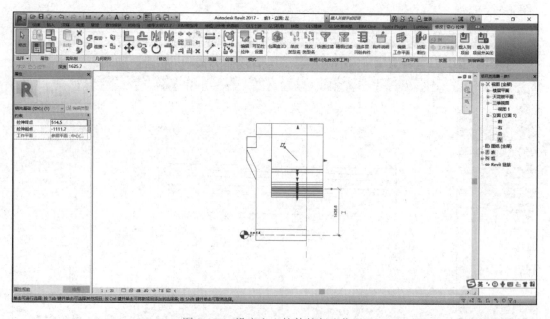

图 4-179　设定空心拉伸的起止位置

得到桥台模型（图 4-180），并将该桥台族进行保存。

桥台放置方式同盖梁放置。

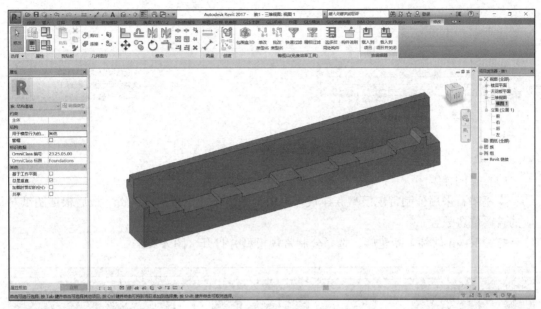

图 4-180　剪切图形

4.2.6　支座垫石

（1）要点及目标

1）了解支座垫石的基本概念。

2）掌握【公制常规模型】绘制支座垫石族。

3）掌握在项目中放支座垫石族方法。

（2）基本概念

桥梁支座（Bridge Bearing）是连接桥梁上部结构和下部结构的重要结构部件，位于桥梁和垫石之间，它能将桥梁上部结构承受的荷载和变形（位移和角转）可靠地传递给桥梁下部结构，是桥梁的重要传力装置。支座可分为固定支座和活动支座两种。桥梁工程常用的支座形式包括：油毛毡或平板支座、板式橡胶支座、球型支座、钢支座和特殊支座等。支座垫石是指设置于桥台、墩顶部与支座连接部分，多为混凝土现场浇筑（图 4-181）。

（3）识图要点

拿到工程图纸以后，仔细阅读图纸总说明中的关于支座垫石的文字信

图 4-181　支座垫石

息，再从桥墩一般构造图中查看支座垫石坐标位置信息以及尺寸大小等信息，注意右下角的图纸说明（图 4-182）。根据桥墩一般构造图中所显示，盖承台为矩形承台，长度为 3110cm，宽为 1230cm，高 400cm，长跟宽之间的倒角为 20mm。

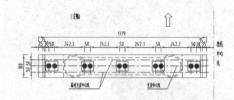

图 4-182　支座垫石在墩柱一般构造图中

（4）案例详解

支座垫石采用公制常规模型族样板，再根据图纸尺寸信息进行编辑，最后根据图纸对应的盖梁位置放置。

打开 Revit 软件，新建族，选择公制常规模型并打开（图 4-183）。

图 4-183　使用常规模型新建

在【属性】面板上打开族类型编辑器进行参数添加，在左下角点击 🗋 新建参照，跳出参数属性对话框。在参数类型中选择：族参数；参数数据中的名称中输入参数名称：单位工程；修改为实例参数；参数类型为文字；参数分组方式为数据，点击"确定"完成该参数的属性设置（图 4-184、图 4-185）。

按照如上步骤完成支座垫石的单位工程、分部工程、分项工程、构件类型、墩号、高度、宽度、厚度、体积、材质等参数设置。

在项目浏览器中，选择【参照标高】平面，在【创建】选项卡上选择拉伸命令，创建拉伸（图 4-186）。在【修改/创建拉伸】选项卡的【绘制】面板选择 ▢ 命令，以参照平面的交点处为中心绘制一个边长为 950mm 的正方形，并进行长宽两个方向的标注，在标注完成后使用【修改/尺寸标注】下的【标签尺寸标注】，下拉列表中选择之前设置好的参数进行参数关联（图 4-187）。

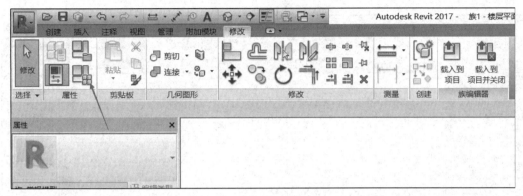

图 4-184　打开族类型

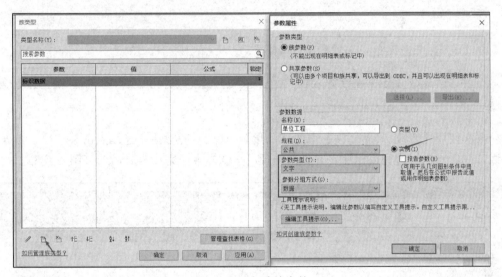

图 4-185　新建族参数

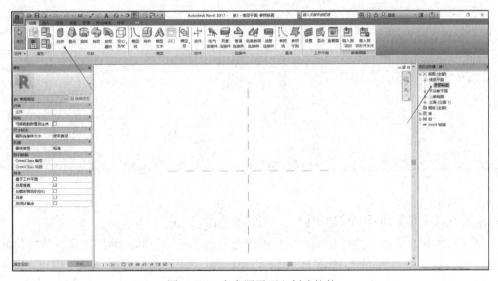

图 4-186　在参照平面上创建拉伸

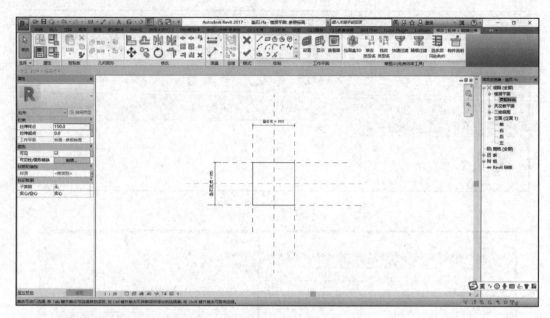

图 4-187　绘制拉伸轮廓

　　再次使用【修改/尺寸标注】中的【测量】，选用对齐标注，连续点击某一边，再点击中线，最后点击对边完成标注，并点击出现的 EQ 标志，完成等分命令（图 4-188）。

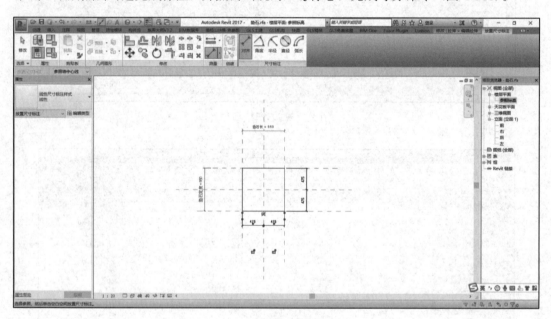

图 4-188　设定图形标注为等分

　　最后在【模式】面板中选择"✔"，完成编辑模式（图 4-189）。

　　将视图转到前立面，选择拉伸，通过拖曳蓝色的小三角控制拉伸的高度。将拉伸的底部锁在参照标高上，对拉伸的高度进行尺寸标注，并关联到【垫石高度】这个参数（图 4-190）。

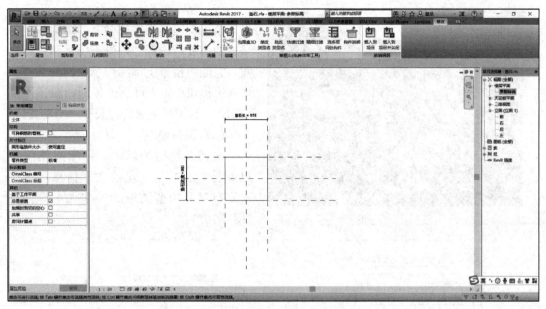

图 4-189 设定长度和宽度参数

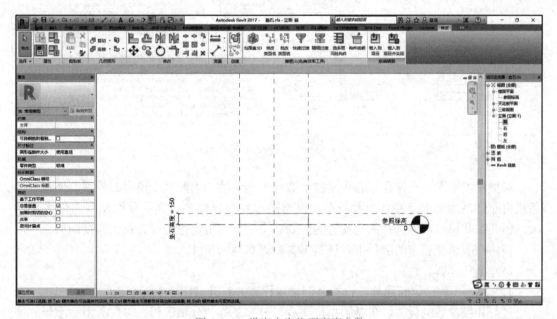

图 4-190 设定支座垫石高度参数

将该支座垫石参数族进行保存。

4.2.7 支座

（1）要点及目标

1）了解支座的基本概念。

2）掌握【公制常规模型】绘制支座族。

图 4-191　支座

（2）基本概念

桥梁支座是连接桥梁上部结构和下部结构的重要结构部件，位于桥梁和垫石之间，它能将桥梁上部结构承受的荷载和变形（位移和角转）可靠地传递给桥梁下部结构，是桥梁的重要传力装置（图 4-191）。

（3）识图要点

拿到工程图纸以后，仔细阅读图纸总说明中的关于支座的文字信息，查看支座布置及构造图中的尺寸大小等信息（图 4-192）。

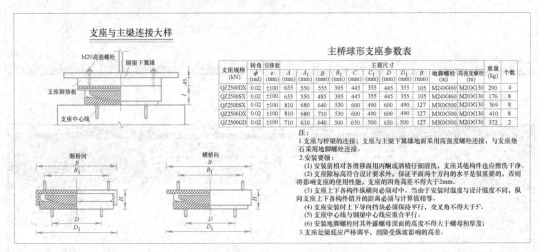

主桥球形支座参数表

支座规格 (kN)	转角 ϕ (rad)	位移量 e (mm)	主要尺寸									地脚螺栓 (m)	高强度螺栓 (m)	重量 (kg)	个数
			A (mm)	A_1 (mm)	B (mm)	B_1 (mm)	C (mm)	C_1 (mm)	D (mm)	B (mm)				
QZ2500DX	0.02	±100	655	550	555	395	445	355	445	355	105	M24×460	M20×130	200	4
QZ2500SX	0.02	±100	655	550	485	395	445	355	445	355	105	M24×460	M20×130	176	8
QZ2500SX	0.02	±100	810	680	640	530	600	490	600	490	127	M30×500	M20×130	369	8
QZ2500DX	0.02	±100	810	680	710	530	600	490	600	490	127	M30×500	M20×130	410	8
QZ2500GD	0.02	±100	710	610	640	500	650	500	650	500	127	M30×500	M20×130	372	2

注：
1. 支座与桥梁的连接：支座与主梁下翼缘地面采用高强仔螺栓连接，与支座垫石采用地脚螺栓连接。
2. 安装要领：
　（1）安装前相对各滑移面用丙酮或酒精仔细清洗，支座其他构件也应擦洗干净。
　（2）支座际高符合设计要求外，保证平面两个方向的水平是很重要的，否则将影响支座的使用性能，支座的四角高差不得大于2mm。
　（3）支座上下各构件纵横向必须对中。当由于安装时温度与设计温度不同，纵向支座上下各构件错开的距离必须与计算值相等。
　（4）支座安装时上下导向挡块必须保持平行，交叉角不得大于5°。
　（5）支座中心线与钢梁中心线应重合平行。
　（6）安装地脚螺栓时其外露螺母顶面的高度不得大于螺母的厚度；
3. 支座处梁底应严格调平，消除受纵坡影响的高差。

图 4-192　支座布置及构造图

模型精度要求：支座在工程中是按个数计工程量的，因此对于模型的外观、体积、参数没有非常高的要求，并且个数较多，模型的面片数也较多，容易导致模型文件大小增大。因此在建模时可以选择简化支座的外观，主要体现出支座的外直径和高度即可。

当然在有精度要求的项目上，还是需要做到更高的精度。

（4）案例详解

打开 Revit 软件，新建族，选择公制常规模型并打开（图 4-193）。

进行相关参数的设置，包括：单位工程、分部工程、分项工程、构件类型、墩号、型号、支座直径、支座高度。其中支座直径和支座高度参数类型为长度。

在项目浏览器中，选择【参照标高】平面，在【创建】选项卡上选择拉伸命令，创建拉伸。在【修改/创建拉伸】选项卡的【绘制】面板选择"⊙"命令，绘制一个圆形。并选择🔒对齐命令将圆心锁到参照平面的交点处（图 4-194）。

在【测量】面板的下拉列表中点击直径尺寸标注命令，选择圆形草图线进行尺寸标注。在标签尺寸标注的标签下拉列表中选择之前设置好的【支座直径】进行参数关联。在【模式】面板中选择"✔"，完成编辑模式（图 4-195）。

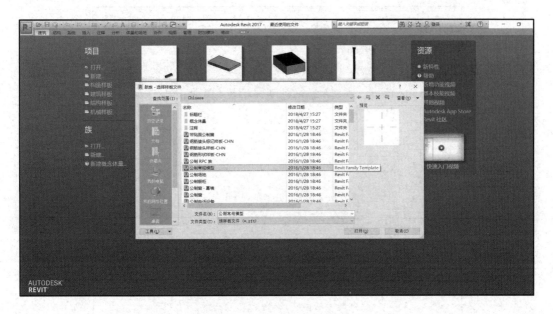

图 4-193 使用公制常规模型创建

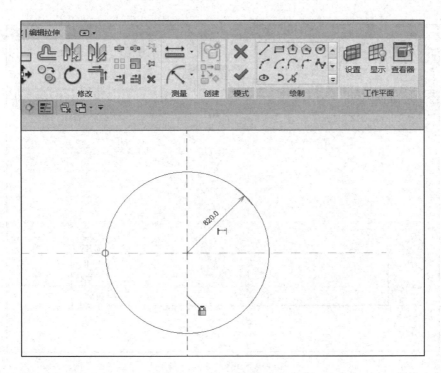

图 4-194 在参照标高上创建拉伸

　　将视图转到前立面，选择拉伸，通过拖曳蓝色的小三角控制拉伸的高度。将拉伸的底部锁在参照标高上，对拉伸的高度进行尺寸标注并关联到【支座高度】参数（图 4-196）。

　　注意关联材质，将该支座参数族保存。

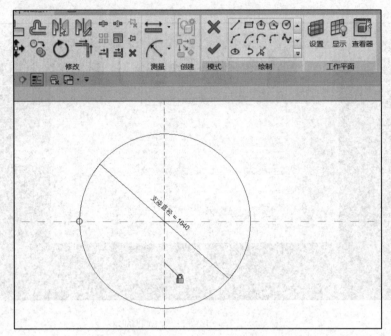

图 4-195　进行参数关联

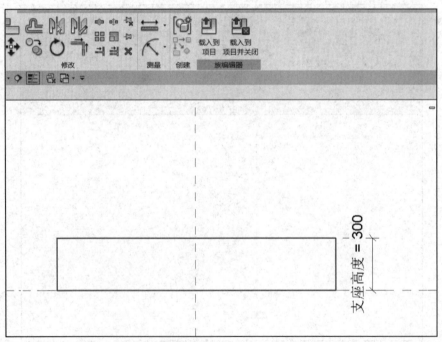

图 4-196　设支座高度参数

　　按照图纸中垫石与盖梁的位置关系在平面上定位，定位完成以后调整标高和尺寸以及垫石底部的坡度需和盖梁对应，垫石上表面是不带坡度的，所以支座正常放置在垫石上即可（图 4-197）。

　　支座不是必须要圆形拉伸，对于支座的出量只出个数量，所以不针对形状。

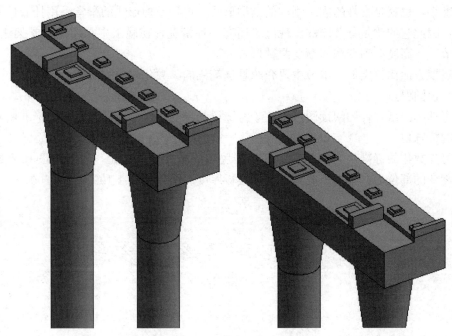

图 4-197   支座垫石布置

4.2.8   现浇类梁

（1）要点及目标

1）了解现浇梁的基本概念。

2）掌握利用"放样融合"命令来完成悬浇梁的族。

（2）基本概念

对于桥梁来说，上部结构又称为桥跨结构、桥孔结构，包括桥面铺装、桥面系、承重结构以及连接部件（图 4-198）。纵梁，指的是在上部结构中，沿桥梁轴向设置并支承于横梁上的梁。跨度较大的情况下，梁会被设计成高度渐变的形式，支座部位高度大，跨中

图 4-198   连续刚构梁

部位高度小，也就是常规的连续刚构的结构形式。这种结构形式的梁常采用挂篮悬浇的施工工艺，因此它的梁是分节段的。现浇梁还有一种情况，在施工中采用满堂支架法施工，梁不分节段，高度有渐变和非渐变两种形式。

在建模方面比较类似，本节主要介绍悬浇箱梁的参数化建模方法。

（3）识图要点

首先理解图纸，仔细阅读图纸中关于悬浇梁的说明，区分能做参数族的标准块和无法参数化的特殊块。

以可参数化的标准块为例，确定好标准块需要做参变的部位，按断面图和参数表可知，要参变的部位为：梁高、底板厚度、腹板厚度。图纸见图 4-199、图 4-200。

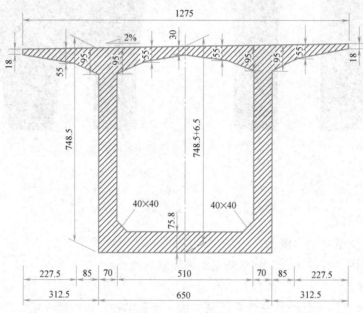

图 4-199　箱梁断面图

左幅桩号(m)	ZK59+	ZK59+	ZK59+	ZK59+	ZK59+	ZK59+	ZK59+	ZK59+
	813.000	814.000	818.500	823.000	827.500	832.000	836.500	841.000
路基设计标高(m)	1020.109	1020.134	1020.247	1020.359	1020.472	1020.584	1020.697	1020.809
箱顶设计标高H_1(m)	1019.752	1019.777	1019.889	1020.002	1020.114	1020.227	1020.339	1020.452
箱底设计标高H_2(m)	1015.752	1015.777	1015.852	1015.872	1015.845	1015.775	1015.664	1015.515
右幅桩号(m)	YK59+	YK59+	YK59+	YK59+	YK59+	YK59+	YK59+	YK59+
	813.000	814.000	818.500	823.000	827.500	832.000	836.500	841.000
右幅幅路基设计标高(m)	1020.109	1020.134	1020.247	1020.359	1020.472	1020.584	1020.697	1020.809
右幅箱顶设计标高H_1(m)	1019.752	1019.777	1019.889	1020.002	1020.114	1020.227	1020.339	1020.452
右幅箱底设计标高H_2(m)	1015.752	1015.777	1015.852	1015.872	1015.845	1015.775	1015.664	1015.515
断面编号	DM21	DM21	DM20	DM19	DM18	DM17	DM16	DM15
箱梁高度h(cm)	400	400	403.7	413	426.9	445.2	467.5	493.7
箱梁底板厚度d(cm)	32	32	32.5	33.6	35.4	37.7	40.5	43.8
箱梁腹板厚度w(cm)	60	60	60	60	60	60	60	60

图 4-200　箱梁断面参数表

（4）案例详解

新建族，族样板为【公制结构框架-梁和支撑】（图 4-201）。

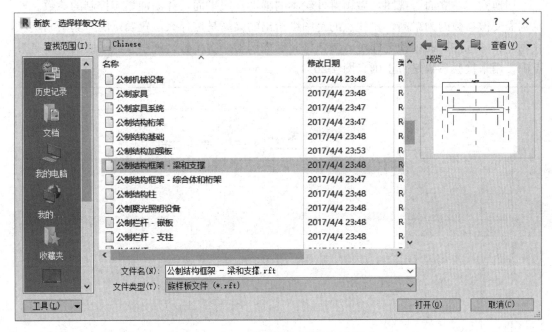

图 4-201　使用结构框架样板新建

删除族样板中自带的构件及不需要的参照平面，注意：样板中默认锁定的为基线-不解锁、不删除（图 4-202）。

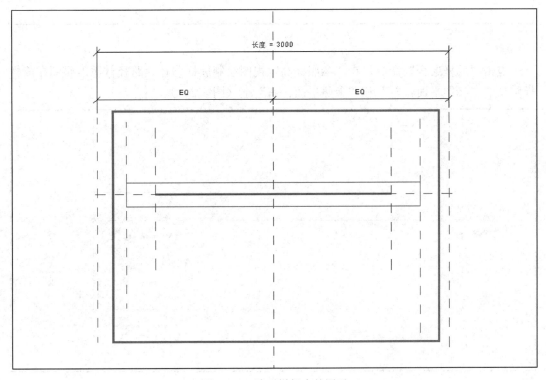

图 4-202　清理样板中的图元

切换到"左立面"视图，做箱梁外轮廓的辅助参照平面，并添加相应控制的参数。外轮廓需要做参数的为梁高，要注意的是图纸给出的梁高是按什么位置确定的。其余固定尺寸用"尺寸标注"命令锁定即可。参数做完后先调整一次参数，观察参照平面的变化是否正确，用来检验参数是否正确（图 4-203）。

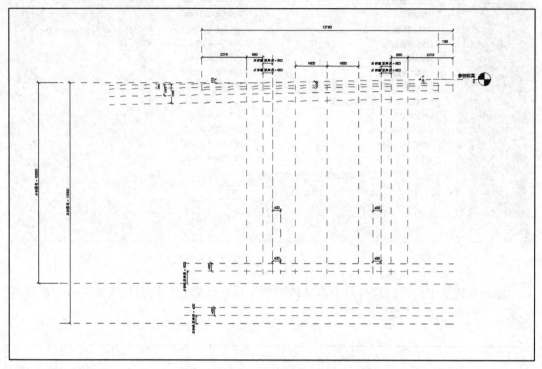

图 4-203　设置参照平面和参数

点击"放样融合"命令，在"参照标高"视图绘制放样路径，路径首尾需要锁在族样板默认的"参照平面：左"和"参照平面：右"上（图 4-204）。

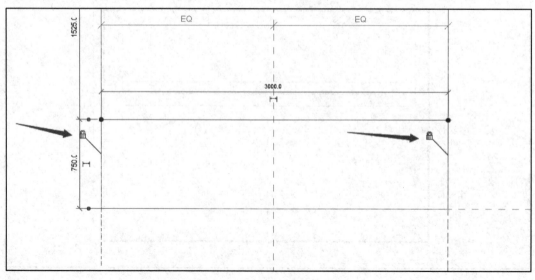

图 4-204　锁定放样路径

　　路线绘制完成后，切换到"左立面"视图分别绘制箱梁的两个断面，绘制断面可以用"拾取线"命令去选择参照平面，然后需要把线锁在参照平面上。如果绘制的为斜线，则需要把斜线的端部锁在对应的水平参照平面和竖向参照平面上。断面绘制完成后，则为一个实心的可以调整梁高的构件（图 4-205、图 4-206）。

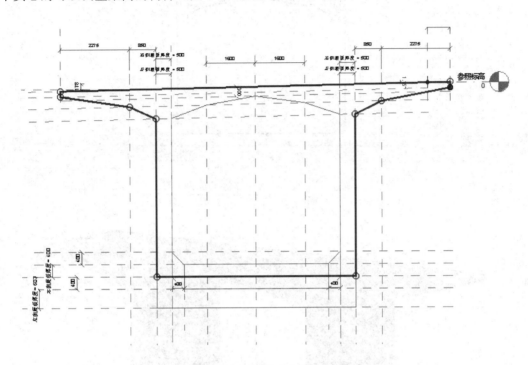

图 4-205　绘制放样融合轮廓并锁定

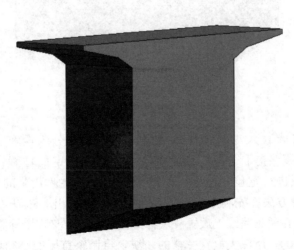

图 4-206　参数化的实心形状

　　外轮廓做完以后，需要用"空心放样融合"去创建中间的空心，重复上面的步骤，先做辅助参照平面并且设置好参数，再绘制内部轮廓。最后用实体和空心进行剪切（图 4-207、图 4-208）。

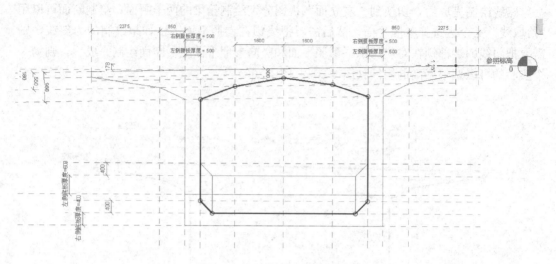

图 4-207　绘制空心轮廓并锁定

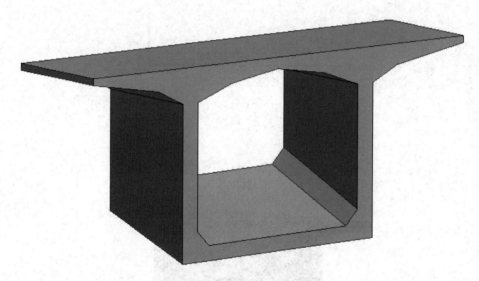

图 4-208　完成的参数化箱梁族

　　完成族以后，将族载入项目，开始放置工作，放置分为两种方法：一种是利用 Dynamo 插件，进行线路提取分段，然后将构件放置到指定的位置；另一种是在 Revit 里面，先利用模型线进行定位，然后用拾取线去放梁，再调整梁的标高以及对应的参数，这里介绍第二种方法。先利用模型线，在平面上绘制出线路以及每个节段的分段长度，然后用拾取线，在整条路线上放置一块标准段，随即调整首尾标高（因为悬浇梁，图纸是未给出每段标高的，所以先放置完整的一块，再调整首尾的已知标高）。具体操作见图 4-209～图 4-211。

　　然后在做了每段长度标记的地方，利用"拆分图元"命令，去打断梁，打断以后标高会自动变成断点位置的高度，再去调整每一块的参数，非标准段的位置只要用标准块去替换即可（图 4-212）。

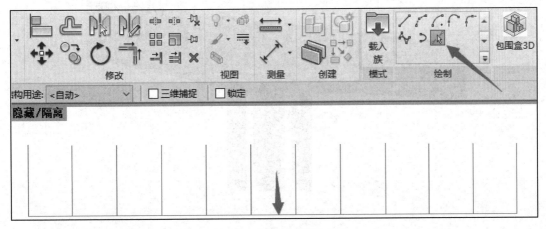

图 4-209　拾取模型线生成梁

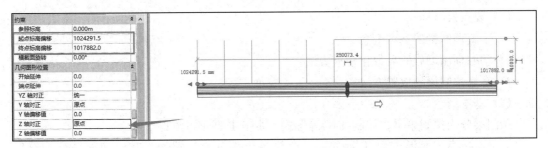

图 4-210　调整标高和对正参数

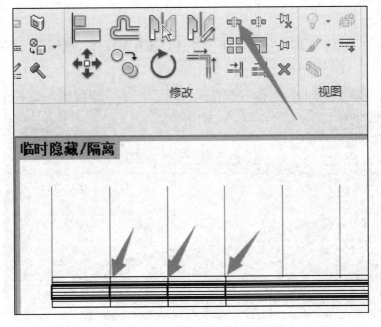

图 4-211　使用拆分命令打断图元

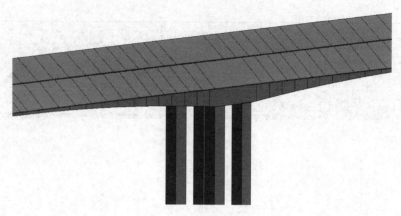

图 4-212　悬浇箱梁放置

4.2.9　预制类梁

（1）要点及目标

1）了解预制梁的基本概念。

2）掌握预制梁族的参数化建模方法。

3）掌握预制梁的放置方法。

（2）基本概念

预制梁分为预制箱梁、预制 T 梁等形式，本节主要介绍预制 T 梁。

T 梁，指横截面形式为 T 形的梁。两侧挑出部分称为翼缘，其中间部分称为梁肋（或腹板）。由于其相当于是将矩形梁中对抗弯强度不起作用的受拉区混凝土挖去后形成的。与原有矩形抗弯强度完全相同外，既可以节约混凝土，又减轻构件的自重，提高了跨越能力（图 4-213）。

上部结构为 T 梁形式的桥，除了 T 梁本体，还有湿接缝、横隔板、端部混凝土等，将 T 梁连接起来（图 4-214）。

图 4-213　梁场内的预制 T 梁

图 4-214 铺设中的预制 T 梁

（3）识图要点

预制 T 梁构造图一般在桥梁通用图中，通过平面、立面、剖面了解其外观（图 4-215～图 4-217）。

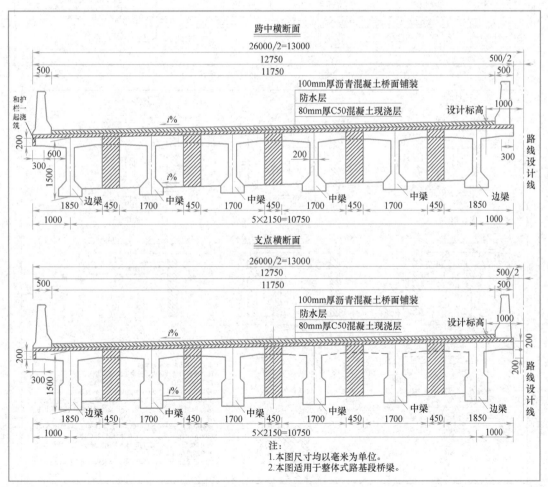

图 4-215 标准横断面图

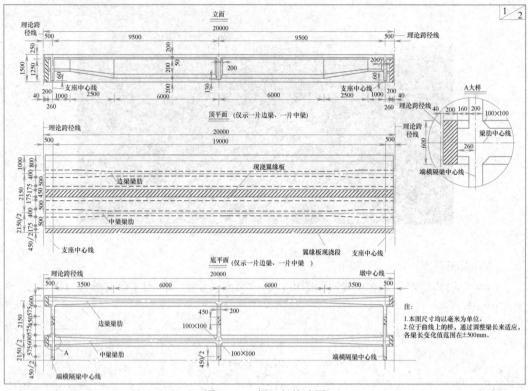

图 4-216　梁一般构造图

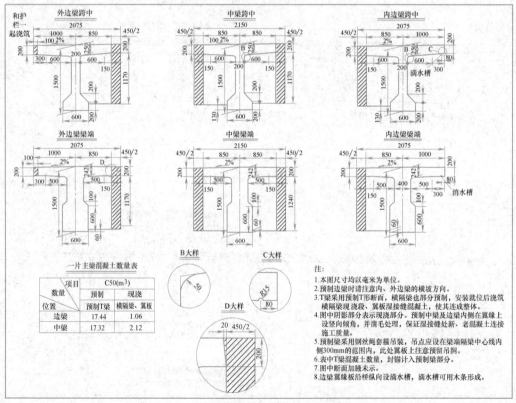

一片主梁混凝土数量表			
项目 数量 位置	C50(m³)		
	预制	现浇	
	预制T梁	横隔梁、翼板	
边梁	17.44	1.06	
中梁	17.32	2.12	

注:
1.本图尺寸均以毫米为单位。
2.预制边梁时请注意内、外边梁的横坡方向。
3.T梁采用预制T形断面,横隔梁也部分预制,安装就位后浇筑横隔梁现浇段、翼板湿接缝混凝土,使其连成整体。
4.图中阴影部分表示现浇部分。预制中梁及边梁内侧在翼缘上设竖向倾角,并凿毛处理,保证湿接缝处新、老混凝土连接施工质量。
5.预制梁采用钢丝绳套箍吊装,吊点应设在梁端隔梁中心线内侧300mm的范围内,此处翼板上注意预留吊孔。
6.表中T梁混凝土数量,封锚计入预制梁部分。
7.图中断面加腋示未。
8.边梁翼缘板沿桥纵向设滴水槽,滴水槽可用木条形成。

图 4-217　中梁、边梁细部尺寸图

每一联的中间跨称为中跨，两端的跨称为边跨，每联一般有3～4跨。每跨的最外面的T梁被称为内边梁或外边梁，靠近道路中心线的为内，反之为外（图4-218）。

熟悉T梁的外观尺寸之后，还需要知道其定位信息和排布数据，一般在具体的桥梁设计图中，我们需要知道主梁编号顺序、首尾夹角、梁端预留缝宽度、预制横坡坡度、悬臂参数值等数据。另外还有梁的两端高程数据，可以通过路线设计线的高程值推算（图4-219～图4-221）。

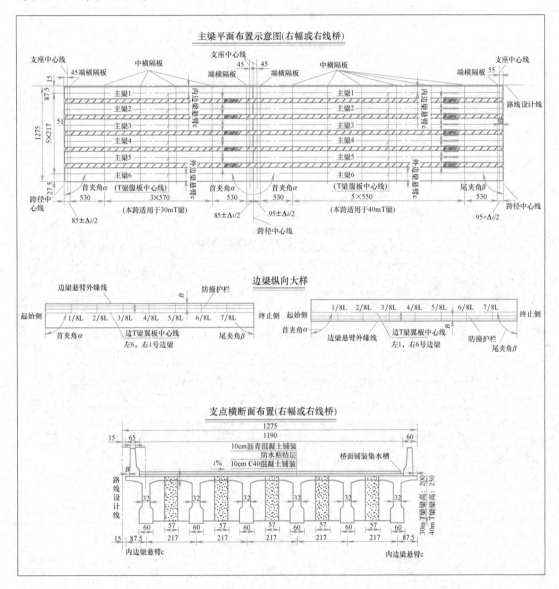

图 4-218 主梁平面布置图

（4）案例详解

T梁采用软件【公制结构框架-梁和支撑】族样板，根据图纸用Revit的五种形状命令建模，最后根据图纸对应的坐标数据放置。

主梁参数表

跨编号	幅编号	预制横坡(%)	梁编号	梁长(cm)	首夹角(度)	尾夹角(度)	Δi/2(cm)	小桩号S1(cm)	大桩号S2(cm)
1	右幅	2	1	3999.2	91.614	91.614	2.6	3	3
			2	4011.5			8.8		
			3	4023.7			14.8		
			4	4035.9			21.0		
			5	4048.1			27.1		
			6	4060.4			33.2		
2	右幅	2	1	3999.2	91.614	91.614	2.6	3	3
			2	4011.5			8.8		
			3	4023.7			14.8		
			4	4035.9			21.0		
			5	4048.1			27.1		
			6	4060.4			33.2		

图 4-219　主梁参数

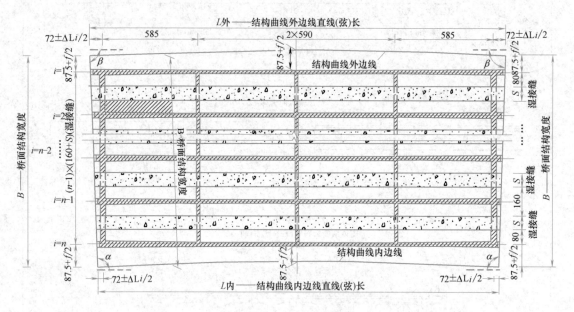

图 4-220　T梁悬臂示意图

预制梁悬臂参数(C值)表

跨编号	幅编号	悬臂	起始侧梁端	1/8L	2/8L	3/8L	4/8L	5/8L	6/8L	7/8L	终止侧梁端
1	右幅	外悬臂	87.6	100.1	109	112.5	112.5	112.5	109	100.1	87.6
		内悬臂	87.5	75.1	66.3	62.5	62.5	62.5	66.3	75.1	87.5
2	右幅	外悬臂	87.6	100.1	109	112.5	112.5	112.5	109	100.1	87.6
		内悬臂	87.5	75.1	66.3	62.5	62.5	62.5	66.3	75.1	87.5
3	右幅	外悬臂	87.6	100.1	109	112.5	112.5	112.5	109	100.2	87.7
		内悬臂	87.5	75.1	66.3	62.5	62.5	62.5	66.3	75.1	87.4

图 4-221　悬臂参数

打开 Revit 软件，选择新建族，选择【公制结构框架-梁和支撑】（图 4-222）。

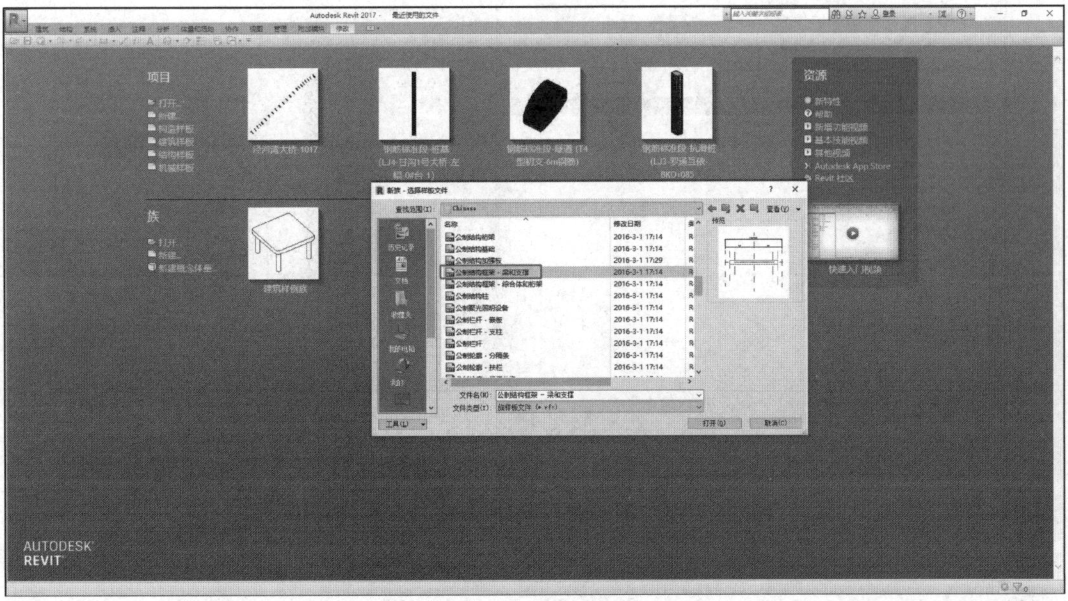

图 4-222　T 梁的族样板选择

在【属性】面板上打开族类型编辑器进行参数添加，在左下角点击 新建参照，跳出参数属性对话框（图 4-224）。在参数类型中选择：族参数；在参数数据中的名称栏中输入参数名称：角度、横坡；均为实例参数；角度参数类型为尺寸标注，横坡参数类型为数值；角度参数分组方式为数据，横坡分组方式为尺寸标注，在横坡参数后加公式"atan（横坡）"。点击"确定"，完成该参数的属性设置。

按照如上步骤添加单位工程、分部工程、子分部工程、分项工程、子分项、构件类型、墩号、宽度、高度、横坡、混凝土土方量等的基本参数设置，其他参数根据实际情况添加（图 4-223～图 4-225）。

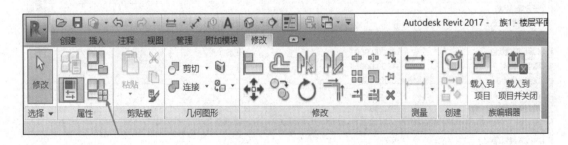

图 4-223　打开族类型编辑器

T 梁与结构框架族默认的"左""右"参照锁定，中间自己绘制参照平面进行锁定。在【立面】下选择【左】视图。在【创建】选项卡上选择合适的命令，创建 T 梁主体形状，根据图纸画出轮廓线，注意梁顶的坡度参数（图 4-226、图 4-227）。

图 4-224 添加参数

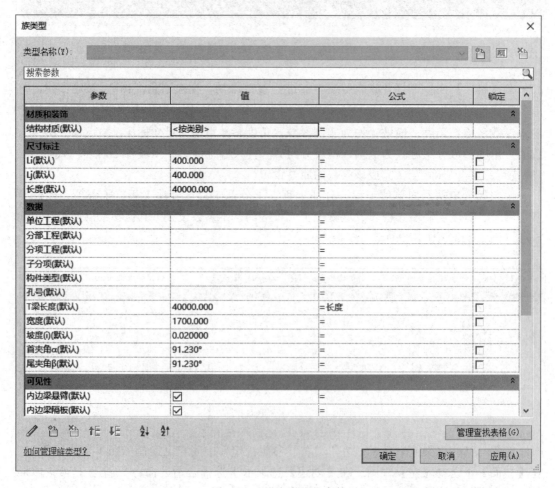

图 4-225 设定完成的参数

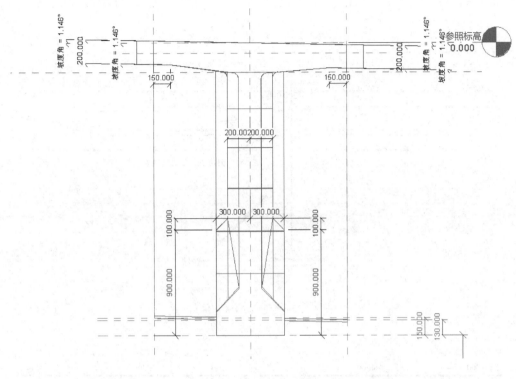

图 4-226　T 梁拉伸/融合轮廓

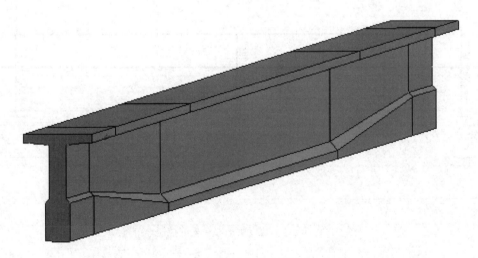

图 4-227　T 梁主体绘制效果

　　绘制完 T 梁主体后，切换到"参照标高"平面绘制横隔板、倒角、翼缘板；其中翼缘板参数设置时，既要使水平位置保持固定，又要使距离 T 梁中心线的长度可以变化，采用将尺寸标注锁定在交点上的方法（图 4-228、图 4-229）。

　　使用空心拉伸和空心融合，将 T 梁两端的伸缩缝和齿槽切割出来，并且设置梁端首尾夹角的参数，同时用空心拉伸将横隔板底部的坡度参数切割出来（图 4-230）。

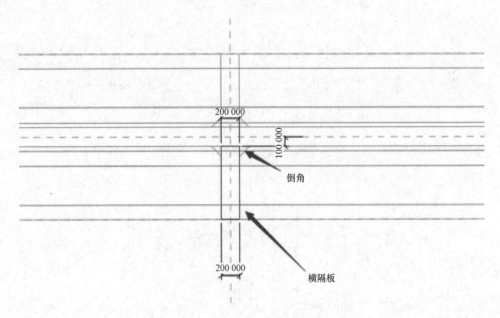

图 4-228　绘制横隔板和倒角

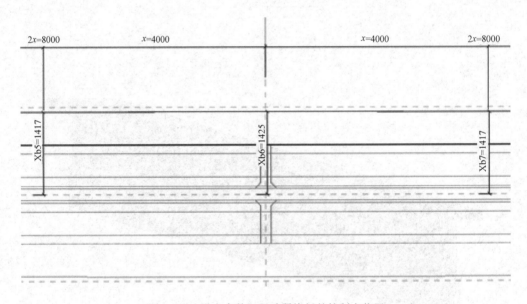

图 4-229　设定参数以驱动翼缘板的控制点位置

对 T 梁的所有参数进行最终测试，关联材质参数，注意翼缘板、横隔板的材质独立关联。此 T 梁族属于通用型的参数族，稍作修改即可变化成为中梁、内边梁、外边梁。

根据计算得到的 T 梁定位和高程数据，在项目中放置 T 梁族以及湿接缝、横隔板、端部混凝土等。其他几个族相对简单，不再详细介绍。

这里额外介绍一个特殊的参数，"可见性参数"。选中图形后点击属性中可见的关联键，可以将这个图形进行显隐性控制（图 4-231、图 4-232）。

可见性参数的设定与材质参数相似，不再赘述。

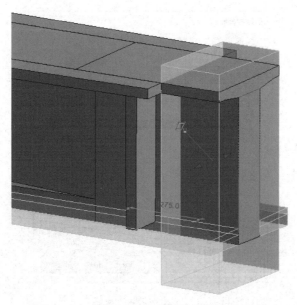

图 4-230 使用空心处理梁端和横隔板的参数

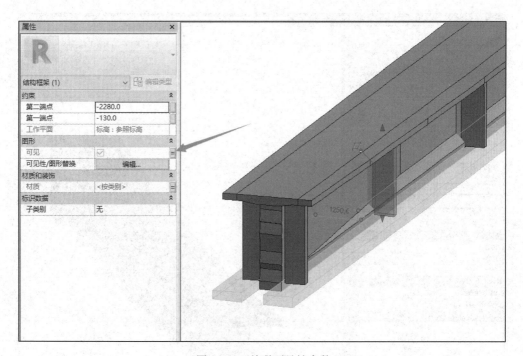

图 4-231 关联可见性参数

在项目中，勾选可见性，则形状会显示出来，不勾选则不显示形状。同时可见性参数能够改变构件的体积，即隐藏了形状之后会相应地扣除体积（图 4-233）。

T 梁放置平面定位可以利用 CAD 底图定位，或者用盖梁与 T 梁的位置关系先确定梁端的点位，然后用直线命令连接两点确定主梁位置，随即用拾取线放置梁的方法放置主梁，然后通过主梁定位放置湿接缝横隔板（图 4-234）。

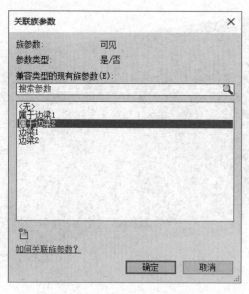

图 4-232　新建/关联可见性参数

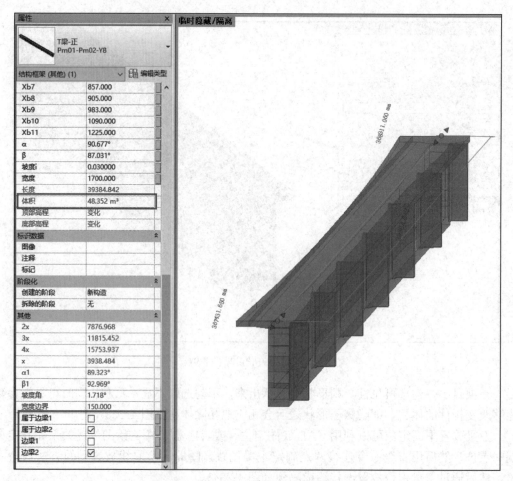

图 4-233　在项目中控制可见性

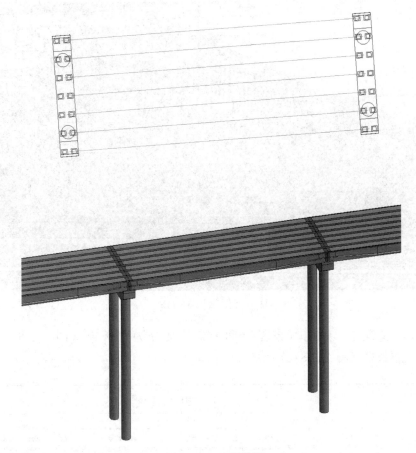

图 4-234　T梁放置

需要说明的是：主梁放置完成后可复制替换为桥面铺装与防撞护栏。

4.2.10　预应力管束

（1）要点及目标

1）了解预应力管束的基本概念。

2）掌握【自适应常规模型】绘制预应力管束族。

3）掌握在项目中放预应力管束的方法。

（2）基本概念

预应力管束是为了改善结构服役表现，在施工期间给结构预先施加的压应力，结构服役期间预加压应力可全部或部分抵消荷载导致的拉应力，避免结构破坏，常用于混凝土结构。预应力混凝土结构，是在结构承受荷载之前，预先对其施加压力，使其在外荷载作用时的受拉区混凝土内力产生压应力，用以抵消或减小外荷载产生的拉应力，使结构在正常使用的情况下不产生裂缝或者裂得比较晚（图 4-235）。

（3）识图要点

预应力管束按设置方向分为纵向、横向、竖向。其中横向和竖向以直线为主，或者是平面形状，建模相对容易，可使用常规模型处理。预应力管束建模的主要难点在于纵向管

图 4-235 预应力管束

束，因为多数情况下，纵向管束是空间曲线，又分为顶板束（图 4-236）、底板束
（图 4-237）、腹板束（图 4-238）。

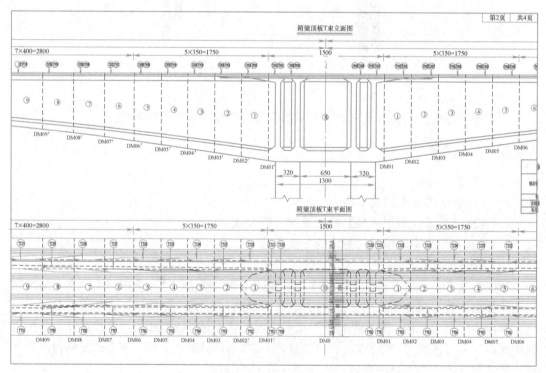

图 4-236 顶板束

腹板束根据梁的腹板设计情况，如果是直线梁且箱梁的内部箱室和外部尺寸不变，那
么腹板也是直线方向的，腹板束就是平面内的曲线，否则为空间曲线。

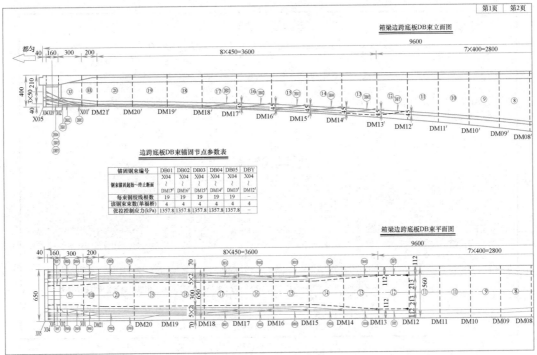

图 4-237　底板束

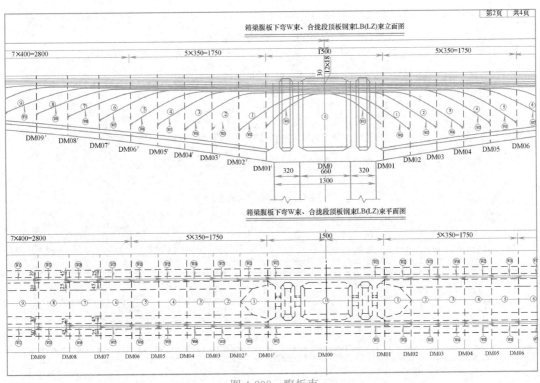

图 4-238　腹板束

预应力束的空间曲线特性在图纸上是使用平弯和竖弯来描述的，建模时可以理解为先在平面上绘制平弯曲线，再在立面上将平弯曲线按照竖弯要素弯折（图 4-239、图 4-240）。

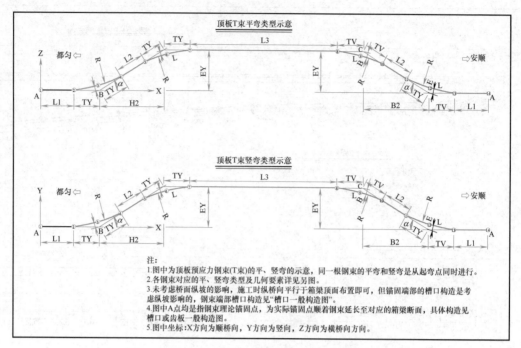

注：
1.图中为顶板预应力钢束(T束)的平、竖弯的示意，同一根钢束的平弯和竖弯是从起弯点同时进行。
2.各钢束对应的平、竖弯类型及几何要素详见另图。
3.未考虑桥面纵坡的影响，施工时纵桥向平行于箱梁顶面布置即可，但锚固端部的槽口构造是考虑纵坡影响的，钢束端部槽口构造见"槽口一般构造图"。
4.图中A点均是指钢束理论锚固点，为实际锚固点顺着钢束延长至对应的箱梁断面，具体构造见槽口或齿板一般构造图。
5.图中坐标:X方向为顺桥向，Y方向为竖向，Z方向为横桥向方向。

图 4-239 预应力束平弯和竖弯要数图

第1页 共1页

顶板TZ00、TZ01~TZ24钢束要素表

钢束编号		TZ00	TZ01	TZ02	TZ03	TZ04	TZ05	TZ06	TZ07	TZ08	TZ09	TZ10	TZ11	TZ12	TZ13	TZ14	TZ15	TZ16	TZ17	TZ18	TZ19	TZ20	TZ22	TZ23	TZ24
Ez(cm)		0	0	0	28	28	28	28	28	28	69	49	69	49	90	70	90	70	111	91	111	91	132	153	133
EY(cm)		0	0	0	22.44	23.56	4.44	5.56	-13.56	-14.4	11.6	5.98	-13.98	-12.02	36	6.4	-14.4	11.6	6.82	-14.82	-11.18	-15.24	-10.76	153	133
平弯	H1(cm)	0	0	0	350	350	350	350	350	400	660	660	660	660	660	710	760	760	860	860	500	500	500	720	720
	θ(°)	0	0	0	4.57	4.57	4.57	4.57	4.57	4.00	5.97	4.25	5.97	4.25	7.77	5.63	6.75	5.26	7.35	6.04	12.52	10.31	14.79	12.00	10.47
	TH(cm)	0	0	0	85	85	85	85	85	110	110	110	110	110	110	110	110	110	110	110	110	110	110	110	110
	R(cm)	0	0	0	2128.39	2128.39	2128.39	2128.39	2754.39	3146.70	2110.08	2967.34	2110.08	2967.34	1620.80	2236.84	1864.27	2393.63	1711.57	2084.92	1003.05	1218.72	847.61	994.31	1201.05
	E(cm)	0	0	0	1.70	1.70	1.70	1.70	1.92	2.04	2.87	2.04	3.73	2.70	3.24	2.53	3.53	2.90	4.95	7.11	6.07	5.76	5.03
	L(cm)	0	0	0	169.91	169.91	169.91	169.91	219.88	219.88	219.80	219.90	219.80	219.90	219.82	219.75	219.85	219.70	219.12	219.12	219.41	218.78	219.11	219.20	219.39
	L1(cm)	0	0	0	180	180	180	180	180	180	180	180	180	180	180	180	180	180	180	180	180	180	180	180	180
	L2(cm)	0	0	0	169.91	169.91	169.91	181.12	181.12	131.12	180.98	441.82	443.60	441.82	446.11	493.44	545.31	543.22	647.13	644.80	292.17	288.21	297.13	292.39	512.18
	L3(cm)	1500	1500	2200	1500	2200	2900	3600	4300	5000	5280	6080	6880	6880	7680	8480	9280	10080	10980	11680	12580	13300	14200	15100	15560
竖弯	H2(cm)	0	0	0	350	350	350	350	350	400	660	660	660	660	660	710	760	760	860	860	500	500	500	720	720
	α(°)	0	0	0	3.67	3.85	0.73	0.91	2.22	1.78	0.35	0.52	1.21	1.04	0.31	0.52	1.09	0.87	0.21	0.45	1.70	1.28	1.75	1.23	0.82
	YV(cm)	0	0	0	85	85	85	85	85	110	110	110	110	110	110	110	110	110	110	110	110	110	110	110	110
	R(cm)	0	0	0	2654.24	2528.32	13401.44	10702.12	5680.60	7075.67	36119.74	24281.43	10087.43	20.80	87	40333	63	22440.67	51612.15	94414.63	59497.06	27742.37	7424.03	9840.23	7219.52	10224.23
	E(cm)	0	0	0	1.36	1.43	0.27	0.34	1.06	0.85	0.17	0.25	0.58	0.50	0.15	0.25	0.52	0.42	0.10	0.22	0.81	0.61	0.84	0.59	0.39
	L(cm)	0	0	0	169.94	169.94	170.00	170.00	219.97	219.98	220.00	220.00	219.99	219.99	220.00	220.00	220.00	220.00	220.00	219.98	219.99	219.98	219.99	219.99	180
	L1(cm)	0	0	0	180	180	180	180	180	180	180	180	180	180	180	180	180	180	180	180	180	180	180	180	180
	L2(cm)	0	0	0	180.72	180.79	180.03	180.04	130.26	380.79	440.03	440.03	440.15	440.01	490.03	540.14	540.09	640.01	640.03	280.22	280.12	280.23	280.12	500.17	500.07
	L3(cm)	1500	1500	2200	1500	2200	2900	3600	4300	5000	5280	6080	6880	6880	7680	8480	9280	10080	10980	11680	12580	13300	14200	15100	15560

顶板TY00、TY01~TY24钢束要素表

钢束编号		TY00	TY01	TY02	TY03	TY04	TY05	TY06	TY07	TY08	TY09	TY10	TY11	TY12	TY13	TY14	TY15	TY16	TY17	TY18	TY19	TY20	TY21	TY22	TY23	TY24
Ez(cm)		0	0	0	28	28	28	28	28	28	69	49	69	49	90	70	90	70	111	91	111	91	132	153	133	
EY(cm)		0	0	0	23.56	22.44	5.56	4.44	-12.44	13.56	5.98	4.02	-12.02	-13.98	36	6.4	-11.6	-14.4	6.82	3.18	-11.18	-14.82	-10.76	-10.34	-15.66	
平弯	H1(cm)	0	0	0	350	350	350	350	350	400	660	660	660	660	660	710	760	760	860	860	500	500	500	720	720	
	θ(°)	0	0	0	4.57	4.57	4.57	4.57	4.57	4.00	5.97	4.25	5.97	4.25	7.77	5.63	6.75	5.26	7.35	6.04	12.52	10.31	14.79	12.63	12.00	10.47
	TH(cm)	0	0	0	85	85	85	85	85	110	110	110	110	110	110	110	110	110	110	110	110	110	110	110	110	
	R(cm)	0	0	0	2128.39	2128.39	2128.39	2754.39	3146.70	2110.08	2967.34	2110.08	2967.34	1620.80	2236.84	1864.27	2393.63	1711.57	2084.92	1003.05	1218.72	994.31	10.46.85	1201.05		
	E(cm)	0	0	0	1.70	1.70	1.70	1.92	2.87	2.04	2.87	2.04	3.73	2.70	3.24	2.53	3.53	2.90	4.95	7.11	6.07	5.76	5.03			
	L(cm)	0	0	0	169.91	169.91	169.91	219.88	219.88	219.80	219.90	219.80	219.90	219.82	219.75	219.85	219.70	219.41	219.12	219.41	218.78	219.11	219.20	219.39		
	L1(cm)	0	0	0	180	180	180	180	180	180	180	180	180	180	180	180	180	180	180	180	180	180	180	180	
	L2(cm)	0	0	0	181.12	181.12	131.12	180.98	441.82	443.60	441.82	446.11	493.44	545.31	543.22	647.13	6448.80	292.17	288.21	297.13	292.39	516.08	512.18		
	L3(cm)	1500	1500	2200	1500	2200	2900	3600	4300	5000	5280	6080	6880	6880	7680	8480	9280	10080	10980	11680	12580	13300	14200	15100	14660	15560
竖弯	H2(cm)	0	0	0	350	350	350	350	350	400	660	660	660	660	660	710	760	760	860	860	500	500	500	720	720	
	α(°)	0	0	0	3.851	3.678	0.910	0.721	2.036	1.942	0.519	0.349	1043	1.04	0.556	0.291	0.874	1.0857	0.454	0.272	1.6298	2.233	1.23	1.25	1.246	
	YV(cm)	0	0	0	85	85	85	85	85	110	110	110	110	110	110	110	110	110	110	110	110	110	110	110	110	
	R(cm)	0	0	0	2528.32	2654.24	10702.11	13401.44	6191.66	6491.54	24281.43	36119.74	2080.87	2080.87	22688.40	343389.17	14414.63	59497.06	2742.37	59497.06	9840.23	7424.03	10224.23	15319.94	10116.14	
	E(cm)	0	0	0	1.43	1.36	0.34	0.27	0.98	0.93	0.25	0.17	0.50	0.59	0.20	0.27	0.14	0.42	0.31	0.10	0.81	0.81	0.84	0.59	0.61	0.39
	L(cm)	0	0	0	169.94	169.94	170.00	170.00	219.98	219.98	220.00	220.00	219.99	219.99	220.00	220.00	220.00	220.00	220.00	219.98	219.99	219.98	219.99	219.99	180	
	L1(cm)	0	0	0	180	180	180	180	180	180	180	180	180	180	180	180	180	180	180	180	180	180	180	180	180	
	L2(cm)	0	0	0	180.79	180.72	180.04	180.03	130.22	380.23	440.03	440.01	440.11	440.15	440.03	490.01	540.09	540.09	640.03	640.01	280.22	280.22	280.12	500.07	500.07	
	L3(cm)	1500	1500	2200	2200	1500	3600	2900	5280	6880	6080	4300	7680	6880	8480	9280	10980	10980	11680	12580	13300	14200	15100	14660	15560	

注：
1.图中顶板预应力T束竖弯参数中EY值为负数表示锚固端竖弯向下，正值为竖弯向上。钢束平弯未分正负号，平弯形状见《纵向预应力钢束布置图》。
2.本要数表内的竖弯数据未考虑桥面纵坡的影响，施工时纵桥向平行于箱梁顶面布置即可。

图 4-240 预应力束平弯和竖弯要素表

确定预应力束的尺寸数据后，在断面图上查看预应力束的定位数据（图4-241）。注意阅读图纸中的说明文字，获取预应力束的直径数据。

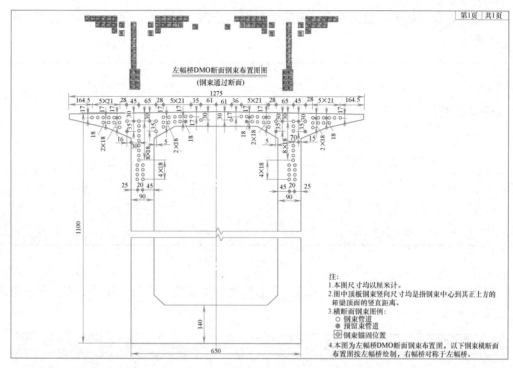

图 4-241 箱梁断面钢束布置图

（4）案例详解

梁内的预应力管束通常都会同时存在平弯和竖弯，所以采用自适应常规模型族来建立管束模型，但并不是直接使用自适应的功能，而是需要使用自适应族样板与其他样板都不同的三维建模方式。

打开 Revit 软件，新建族，选择自适应公制常规模型并打开（图 4-242）。

图 4-242 使用自适应公制常规模型新建

在参照标高平面上，根据平弯要素表的数据，绘制平弯曲线。可以绘制参照平面作为辅助（图 4-243）。

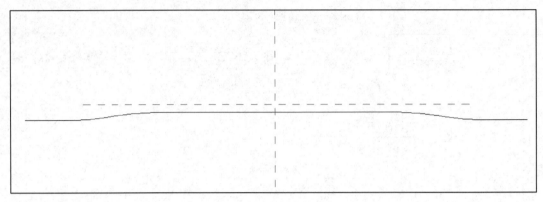

图 4-243　绘制平弯曲线

使用"点图元"在平弯曲线上采点，点数需要较为密集，在每一段线的端点和中点都需要采点（图 4-244）。

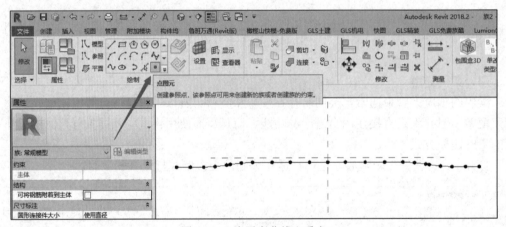

图 4-244　在平弯曲线上采点

在前立面上，根据竖弯要素表的数据，绘制竖弯曲线。有时会弹出选择工作平面的对话框，指定"参照平面：中心（前/后）"即可（图 4-245）。注意绘制竖弯曲线时需要查

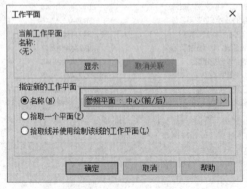

图 4-245　指定"参照平面：中心（前/后）"

询桥梁的纵坡数据，如果桥梁有纵坡，竖弯曲线需要与纵坡相一致。但是有一种情况除外：预应力管束建模时为了与桥梁钢筋做碰撞检查，而桥梁钢筋建模未考虑桥梁纵坡时，预应力管束竖弯曲线也不考虑纵坡（图4-246）。

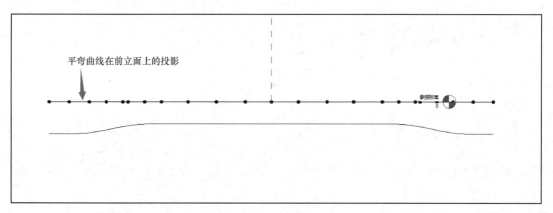

图4-246　绘制竖弯曲线

将平弯曲线上的点，向下复制到竖弯曲线上（图4-247）。

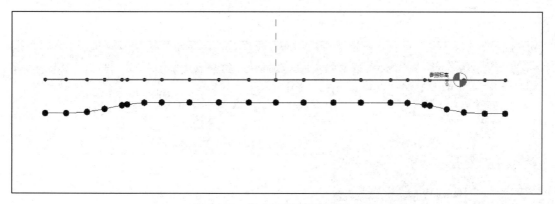

图4-247　将点复制到竖弯曲线上

在三维视图中使用"通过点的样条曲线"将空间点连接起来（图4-248、图4-249）。

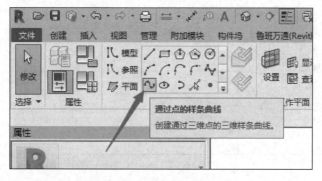

图4-248　通过点的样条曲线

使用圆形线条，根据图纸给出直径数据绘制预应力束断面，选择拾取平面，拾取空间曲线的端点（图4-250）。

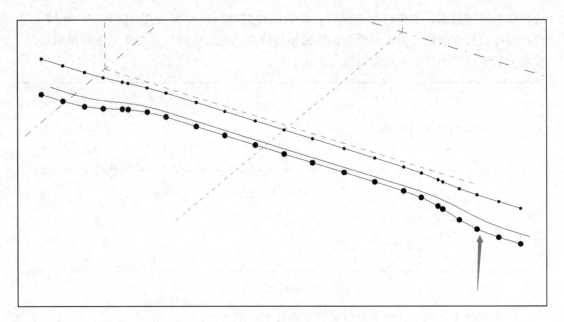

图 4-249 连接空间点

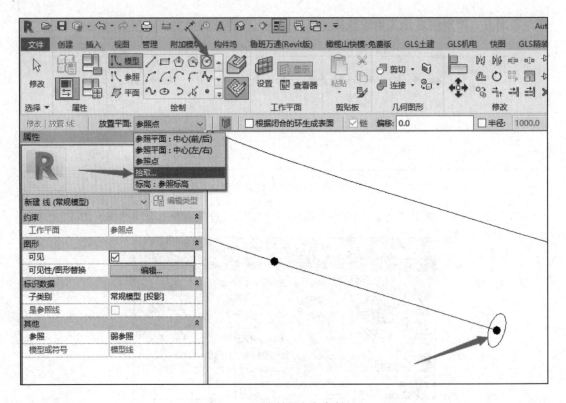

图 4-250 绘制预应力束断面

选择空间曲线和断面轮廓，点击"创建形状"（图 4-251）。

关联材质，保存为族，注意命名（图 4-252）。

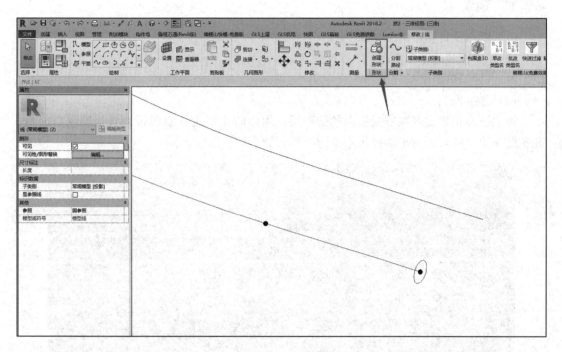

图 4-251 创建形状

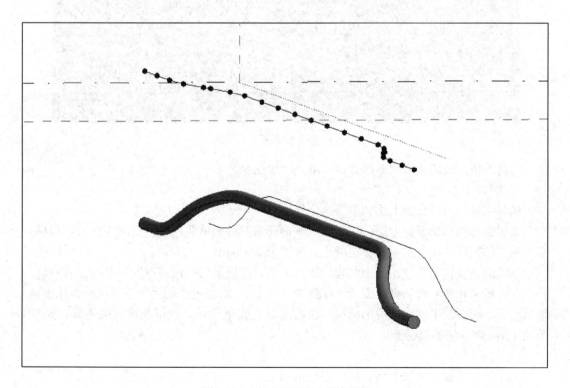

图 4-252 完成的预应力管束模型

4.2.11 铺装

(1) 要点及目标

1) 了解铺装的基本概念。

2) 掌握铺装的建模方法。

(2) 基本概念

桥面铺装是指铺筑在桥面板上的防护层，用以防止车轮（或履带）直接磨耗桥面板，并扩散车轮荷载，也为车辆提供平整防滑的行驶表面（图 4-253）。

图 4-253　桥面铺装施工

完整的桥面铺装从上到下通常由以下几个层次组成：

1) 铺装主体

铺装主体一般可分为上层和下层两个层次。

上层也称磨耗层或防滑层。用于抵抗车辆荷载对桥面铺装产生的磨耗与剪力，提供行车所需要的粗糙度。常采用沥青混凝土，厚度为 3～4cm。

下层的主要作用是校正桥面结构的凹凸不平，保证上层的铺筑厚度，有时也兼有防水作用，一般采用密实型沥青混凝土，厚度为 3～5cm。铺装主体的上、下两层应构成整体，形成稳定、耐久、平整、抗滑的铺装，也可不分上、下层，一次铺筑成铺装主体。例如，采用 12cm 厚的钢筋混凝土。

2) 防水层

防水层位于铺装主体下面，用以阻止由铺装表面下渗的水分对桥面钢板或混凝土内钢筋的腐蚀。通常采用沥青砂胶、沥青油毡等，厚度一般小于 2cm。

3）粘结层

粘结层也称首涂层，是位于桥面板与防水层之间的涂抹薄层。设置该层的目的在于保证桥面铺装与桥面板良好粘结。常采用沥青、橡胶或环氧树脂等改性的沥青、树脂等材料。黏结层也可视作防水层的一个组成部分。

（3）识图要点

在箱梁标准横断面图找到桥面铺装结构分布的信息。根据箱梁标准横断面图（图4-254），桥面铺装为10cm的沥青混凝土、防水层、8cm的C50混凝土调平层。

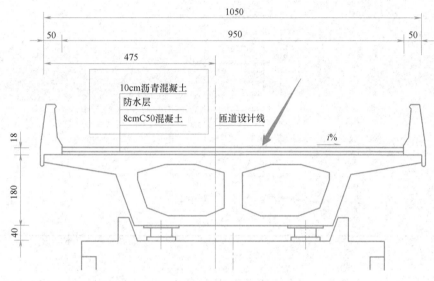

图4-254　箱梁标准横断面图

（4）案例详解

首先进入对应的梁族，在梁族的左立面进行拉伸，来创建桥面铺装（图4-255）。

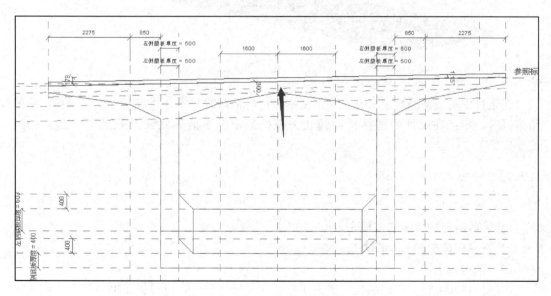

图4-255　在梁面进行拉伸

然后转换视图到参照标高平面，把拉伸的两条边与左右参照平面进行锁定（图 4-256）。

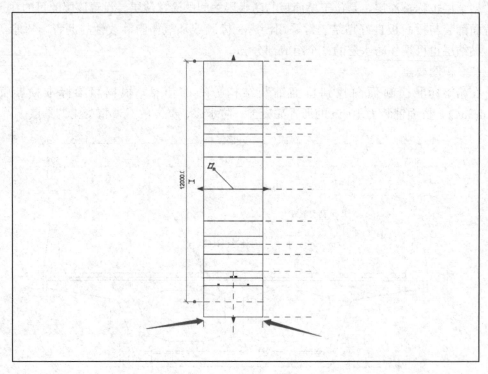

图 4-256　锁定左右参照平面

把梁的实体与空心删除，另存为成桥面铺装的族，载入项目中（图 4-257）。

图 4-257　删除梁实体

在项目中把主梁隔离出来并且全选复制，然后粘贴的时候选择与同一位置对齐，粘贴结束以后，直接在属性中选择桥面铺装去替换族，桥面铺装就放置完成了（图 4-258、图 4-259）。

4.2.12　护栏

（1）要点及目标

1）了解防撞护栏的基本概念。

2）掌握防撞护栏的建模方法。

（2）基本概念

防撞护栏作为桥梁连续结构，是为了防止车辆冲出路外，以保护车辆和乘客，从而减少事故造成的损失。防撞护栏多为混凝土结构，高速公路、高架桥等也会有钢结构护栏或

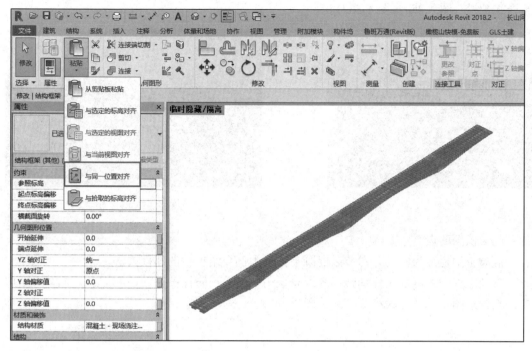

图 4-258 在项目中复制粘贴主梁

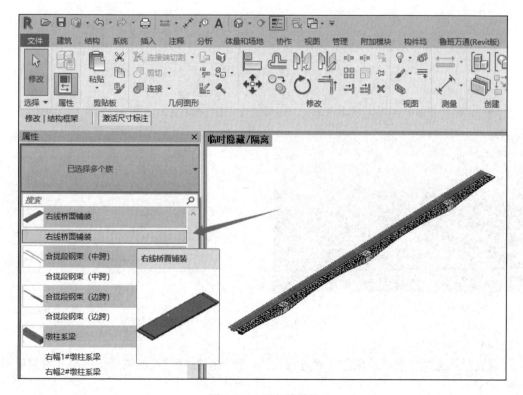

图 4-259 进行族替换

组合式护栏（图 4-260～图 4-262）。

图 4-260　混凝土防撞护栏

图 4-261　波形护栏

（3）识图要点

混凝土护栏最为常见，本节以混凝土护栏为例介绍护栏的建模方法。

拿到工程图纸以后，仔细阅读图纸总说明中的关于防撞护栏的说明信息，查看防撞护栏一般构造图中的尺寸大小等信息（图 4-263）。

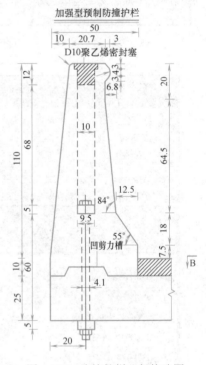

图 4-263　防撞护栏一般构造图

图 4-262　组合式护栏

（4）案例详解

首先进入梁族，在梁族的左立面进行拉伸，将防撞栏杆的轮廓按照图纸尺寸绘制出来（图 4-264）。

然后转换视图到平面，把拉伸的两条边与左右参照平面进行锁定（图 4-265）。

最后把梁的实体与空心删除，另存为成防撞护栏的族，载入项目（图 4-266）。

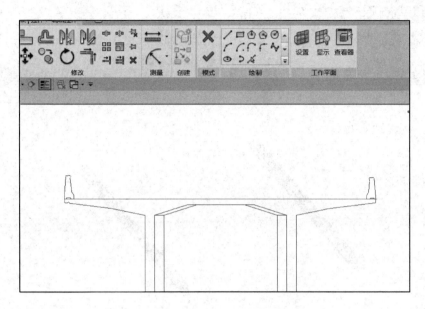

图 4-264　在梁面进行拉伸

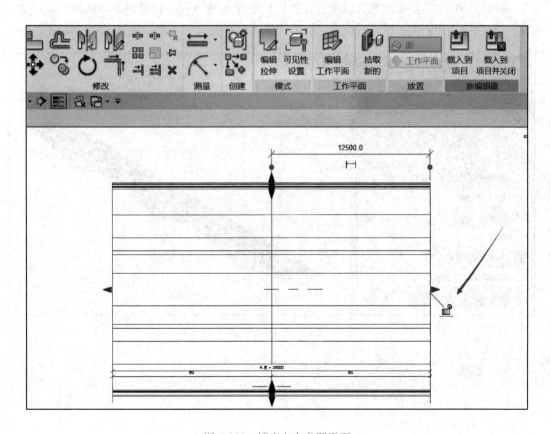

图 4-265　锁定左右参照平面

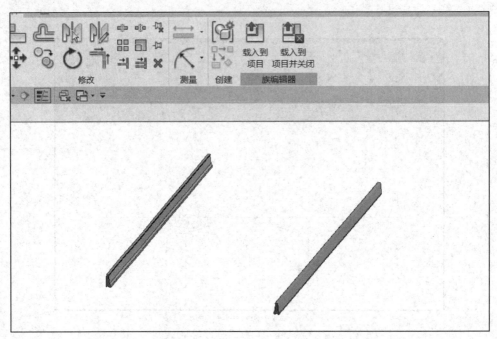

图 4-266　删除梁实体

在项目中把主梁隔离出来并且全选复制，粘贴时选择与同一位置对齐，粘贴结束以后，直接在属性中选择防撞护栏去替换族，防撞护栏就放置完成了（图 4-267、图 4-268）。

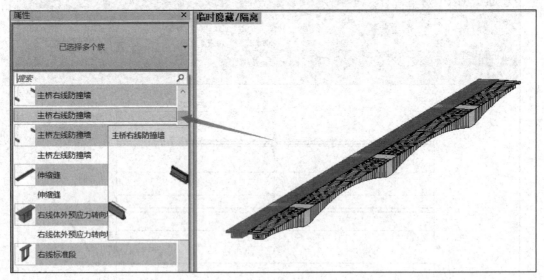

图 4-267　在项目中复制粘贴主梁

4.2.13　路基

（1）要点及目标

1）了解路基的基本概念。

2）掌握路基的建模方法。

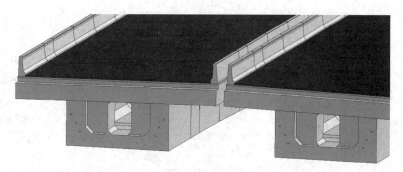

图 4-268 防撞护栏放置结果

（2）基本概念

路基是轨道或者路面的基础，是经过开挖或填筑而形成的土工构筑物。路基的主要作用是为轨道或者路面铺设及列车或行车运营提供必要条件，并承受轨道及机车车辆或者路面及交通荷载的静荷载和动荷载，同时将荷载向地基深处传递与扩散。在纵断面上，路基必须保证线路需要的高程；在平面上，路基与桥梁、隧道连接组成完整贯通的线路（图 4-269）。

图 4-269 路基

（3）识图要点

由路基横断面图（图 4-270）可知，路基主要分为面层、基层、底基层、路肩、边沟等，建模的时候要注意每一块构件都需要分开，并且路基可能是渐变的，所以需要做成可调节的构件。下面以面层为例，其余构件的建模方式与面层的区别就在绘制的断面不同，方法是一样的，不重复讲解。

（4）案例详解

首先进入"结构框架-梁和支撑"族样板，同前几章讲解的构件一样，把族样板内不需要的内容删除，然后进入左立面视图，路面的表面是有坡度的，所以需要先做参照平面，并且设置角度参数，新建坡度参数，利用公式关联角度参数（图 4-271）。

做一根与坡度参照平面平行的参照平面，并且设置间距，间距为路面厚度，注意小里

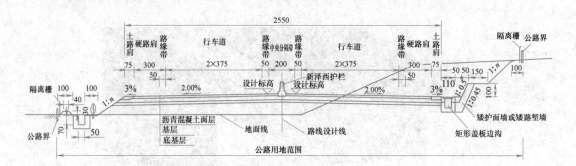

整体式路基标准横断面图

图 4-270 路基横断面图

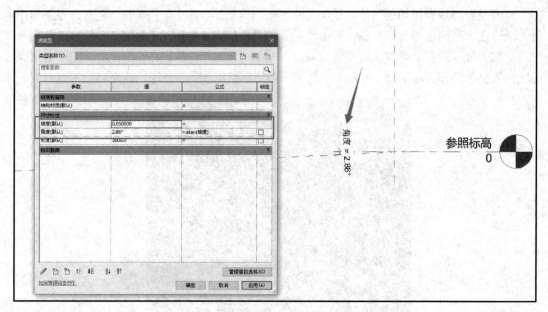

图 4-271 坡度参数设置

程和大里程要分开设置（图 4-272）。

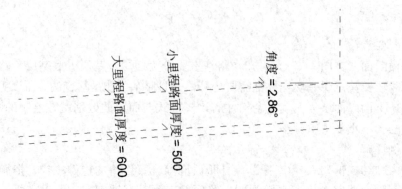

图 4-272 路面厚度参数设置

同理设置路面宽度的参照平面与参数，也要区分大小里程（图 4-273）。

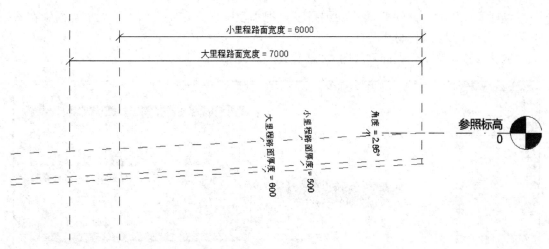

图 4-273　路面宽度参数设置

　　创建融合，顶面和底面分别锁在参照平面上，注意小里程一个面，大里程一个面（图 4-274、图 4-275）。

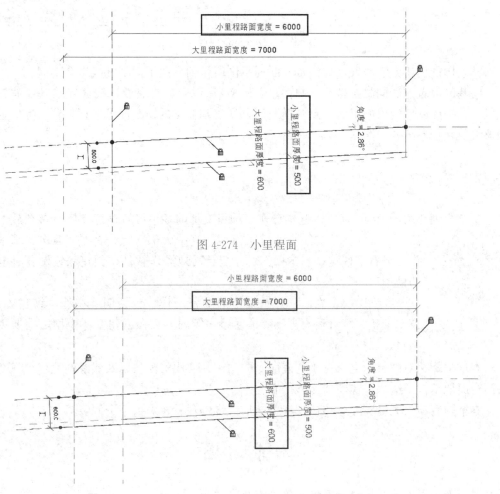

图 4-274　小里程面

图 4-275　大里程面

创建完成以后，回到平面"参照标高"，把小里程面锁在左立面上，大里程面锁在右立面上，然后关联结构材质参数。

调整参数，确定无误即可（图4-276）。

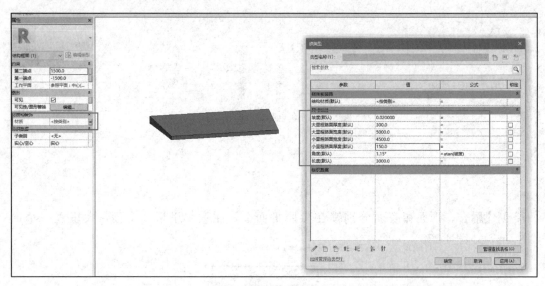

图4-276　构件完成

其余构件创建方法一致，需注意：断面不同所做的参照平面辅助线也会不同。

路基的放置方法同梁，将CAD底图导入Revit以后，拾取设计线放置路基，放置完成以后，按照图纸给出的里程及路基横断面，在路基变化的横断面处进行打断，然后通过调整参数来控制渐变的路基。

本章小结

本章详细介绍了Revit软件的基本操作，项目文件的各种设置，建立族及参数族的方法，以及如何建立完整的桥梁模型。其中大部分操作都是Revit的基本操作，只有掌握这些基本操作，才能灵活地操作软件，创建和编辑各种复杂的模型。

本章数字资源

在创建模型之前，要做大量的准备工作，包括明确用途、组建团队、技术准备、制订建模规则和注意事项等内容。在创建主体模型之前要创建项目、样板、族等。

本章案例相对简单，重点在于掌握命令的功用和使用的方法以及建模的流程，只有灵活而全面地掌握了这些，建模才能够得心应手。

本章内容涉及大量实际操作，读者可扫描二维码观看相关数字资源。

本 章 习 题

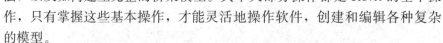

注：部分题目为扩展题，可进入软件查找答案。

一、单项选择题

1. 桥梁桩基建族时，采用的族样板是（　　）。

A. 公制结构柱 　　　　　　　　　　　　B. 公制结构框架

C. 公制常规模型 　　　　　　　　　　　D. 公制结构基础

2. 多个图元重合时，按住以下哪个键可以切换选择图元（　　）。

A. Ctrl 键 　　　　　　B. Tab 键 　　　　　　C. Shift 键 　　　　　　D. Alt 键

3. 进入可见性编辑，设置某些构件不可见的快捷键是（　　）。

A. WT 　　　　　　B. MV 　　　　　　C. VV 　　　　　　D. RO

4. 族创建中，需要通过绕轴操作二维形状方法属于（　　）。

A. 旋转 　　　　　　B. 拉伸 　　　　　　C. 融合 　　　　　　D. 放样

5. 在项目文件中放置构件时，以下哪个按键可以旋转构件方向以放置（　　）。

A. Tab 　　　　　　B. Shift 　　　　　　C. Space 　　　　　　D. Alt

6. 下列选项中，可以临时隐藏选中图元的命令是（　　）。

A. HI 　　　　　　B. HH 　　　　　　C. YC 　　　　　　D. YY

7. Revit 建模软件中修剪/延伸为角命令是（　　）。

A. 🖵　　　　　　B. ⬌🖵　　　　　　C. 🔲　　　　　　D. ⚙

8. 设置工作平面的方法是（　　）。

A. 按照名称 　　　　　　　　　　　　　B. 拾取一个平面

C. 拾取线并使用绘制该线的工作平面　　　D. 以上方法都正确

9. 在三维视图界面时，想要旋转查看模型，可按住（　　）。

A. Alt＋鼠标左键 　　　　　　　　　　　B. Alt＋鼠标中键

C. Shift＋鼠标左键 　　　　　　　　　　D. Shift＋鼠标中键

10. Revit 软件中，以下命令对应的快捷键哪个是错误的（　　）。

A. 复制 Ctrl＋C 　　　　　　　　　　　B. 粘贴 Ctrl＋V

C. 撤销 Ctrl＋X 　　　　　　　　　　　D. 恢复 Ctrl＋Y

二、多项选择题

1. "实心放样"命令的用法，正确的有以下哪几项（　　）。

A. 必须指定轮廓和放样路径 　　　　　　B. 路径可以是样条曲线

C. 轮廓可以是不封闭的线段 　　　　　　D. 路径可以是不封闭的线段

2. 以下哪些是创建族的工具（　　）。

A. 融合 　　　　　　B. 放样 　　　　　　C. 拉伸 　　　　　　D. 扭转

3. "拉伸"命令的用法，错误的有（　　）。

A. 轮廓可沿弧线路径拉伸

B. 轮廓拉伸时只能绘制直线段路径

C. 轮廓可以是不封闭的线段

D. 轮廓按给定的深度值作拉伸，不能选择路径

4. 以下快捷键对应正确的有（　　）。

A. 旋转 RO 　　　　　　B. 移动 MV 　　　　　　C. 对齐 AL 　　　　　　D. 临时隐藏 HI

三、判断题

1. 族的创建中，需要有两个轮廓才能创建出模型的是放样和融合。 （　　）

2. 视图的详细程度分为粗略、中等和精细。 （　　）

3. 实心与空心的创建方式相同，均有4种创建方式。 （　　）

4. 编辑拉伸命令时，编辑模式内的标注编辑完成后不可见。 （　　）

5. 使用"过滤器"命令可以快速选择同一类别图元。 （　　）

6. 默认设置下，打开三维视图的快捷键是3D，打开平面视图的快捷键是2D。 （　　）

7. 高版本Revit所建模型可以用低版本Revit打开。 （　　）

8. Revit建模界面背景颜色不可以更改。 （　　）

9. 使用"载入族"命令插入族时，每次只可以选择一个族。 （　　）

10. Revit族文件扩展名为".rvt"。 （　　）

四、操作题

完成下面图形的族绘制。

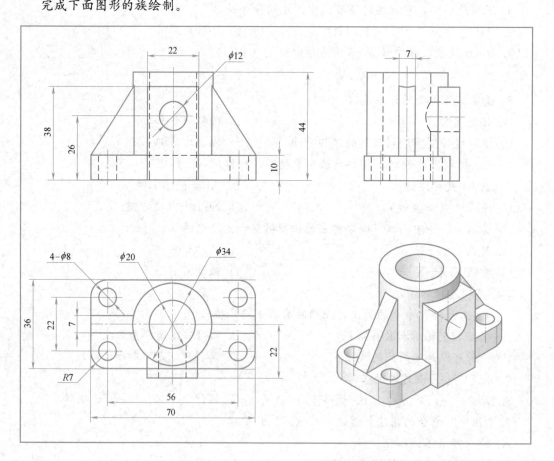

5 市政工程BIM建模管理及审核制度

5.1 建模计划安排

在拿到项目后，项目建模负责人首先要完全理解图纸以及建模范围和要求，确定好建模人员，并且评估建模工时（评估工时需考虑如果遇到突发情况，解决问题所需要的工时，一般预留 1～2 天），以及做好后续建模的一切准备工作。具体见图 5-1～图 5-4。

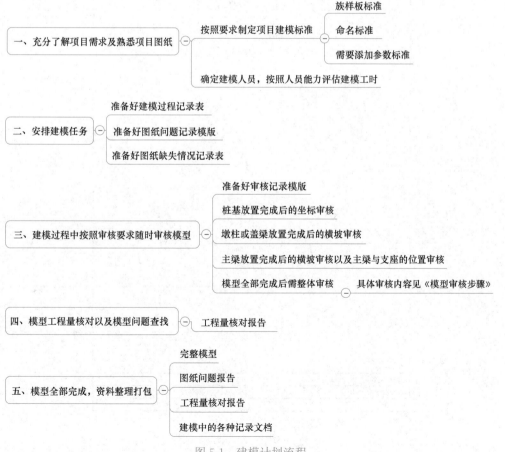

图 5-1　建模计划流程

183

- 《XX项目工程量数据报告》.docx
- 《XX项目建模成果报告》.docx
- 《XX项目模型问题核查记录评分表》.docx
- 《XX项目图纸版本记录模板》.xlsx
- 《XX项目图纸问题报告模板》.doc
- 《XX项目图纸问题记录模板》.doc
- 《建模标准》.docx

图 5-2　需要准备的各种报告模板

<table>
<tr><td colspan="3" rowspan="2">×× 大 桥 - 图 纸 问 题 存 疑</td><td>记录编号</td><td>1</td></tr>
<tr><td>记录日期</td><td>2018.7</td></tr>
<tr><td>问题提出</td><td></td><td>图号</td><td colspan="2"></td></tr>
<tr><td>问题审核</td><td></td><td>专业</td><td colspan="2"></td></tr>
<tr><td>问题描述</td><td colspan="4"></td></tr>
<tr><td colspan="5">截图示意：</td></tr>
<tr><td>设计院意见</td><td colspan="4"></td></tr>
<tr><td>修改情况</td><td colspan="4"></td></tr>
<tr><td>备注</td><td colspan="4"></td></tr>
</table>

图 5-3　图纸问题记录模板文件

混凝土总量表							
序号	部位	混凝土强度等级	图纸量（m³）	BIM 模型量（m³）	量差（m³）	百分比	备注
1							
2							
3							
4							
5							
6							
7							
8							
9							
10							
11							
12							
13							
14							
15							
16							
17							
18							
19							
20							
21							
22							
23							

图 5-4　混凝土对量模板

5.2　补充说明

5.2.1　族样板

桥梁构件大致分为：桩基、承台、桩间系梁、墩身、墩间系梁、盖梁、桥台、支座垫石、主梁结构、桥面、防撞护栏等部分。

一般来说，桩基、承台、支座垫石、采用族样板为【公制常规模型】；系梁、盖梁、桥台、主梁，桥面、防撞护栏采用族样板为【公制结构框架】；墩身采用族样板为【公制结构柱】；但上述族样板采用并不绝对，如果有特殊要求，可采用其他族样板。

5.2.2　命名

通常的命名格式为：××大桥-左/右幅-构件类型-墩号-编号，如果是单独一座桥的项目，命名前的××大桥可省略。

5.2.3　需添加的参数标准

除去参数族内必须添加的尺寸参数外，其余需要添加的参数需提前和项目做沟通确定，不同项目所需要添加的参数不一定相同（表5-1）。

以桩基为例的构件建模标准 表 5-1

桩基	
族样板	公制常规模型
命名	桥名-左(右)幅-桩基-墩号-编号
参数信息	桩径
	桩长
	体积
	材质

5.3 建模过程把控

建模过程把控是管理建模中很重要的一环，把控及时可以避免很多问题出现，防止出现后期突然发现问题所造成的模型返工以及人员劳动的增加。建模管理需要把控的要点如下：

（1）清楚每个人员的建模工作，随时跟进模型进度。

（2）随时抽查建模人员的模型质量，并需要多次督促建模人员自检模型（具体审核制度详见本教材5.3节、模型审核步骤）。

（3）建模期间每过1~2天，都要与实施人员沟通，是否有新的要求或者变更，避免模型完成后出现大范围修改。

（4）遇到困难的问题，解决后需记录下解决方法，下次再遇到同样或者类似的问题可以减少解决时间（可将问题及解决方法做成学习文档）。

（5）对新人需要更多关注，很多熟练建模人员意想不到的错误都有可能在新人身上发生，所以需要多次检查确保没有低级错误的发生。

（6）模型完成后的工程量核对，核对后量差比超过1‰的则需要反查模型及图纸，找出量差原因，如果是建模错误导致量差，则需修改模型重新对量。

（7）建模过程中随时督促记录图纸问题，以及了解图纸问题，影响后续建模的重大问题需要及时反馈给设计院。

5.4 模型审核步骤

建立模型之前必须要确定项目建模标准，模型审核严格按照标准。

5.4.1 模型精度

（1）尺寸

1）各构件的常规尺寸：长/宽/高。

2）顶标高/底标高。

3）倒角/圆角。

4）体积：与图纸设计量核对。

5）坡度：盖梁坡度、上部结构坡度，与路线转弯方向匹配；坡度突变情况，需要与设计或项目部确认。

6）特殊易错部位：0号块底面是否水平；预制梁分边梁和中梁；端头伸缩缝符合设计。

（2）外观

1）无重复构件。

2）无漏项（易漏项：横隔板、湿接缝、路面标线、伸缩缝）。

3）上下结构无悬空（易错项）。

4）材质设置完全，颜色具有真实度。

需要注意的是：必须在构件建模之后立即审核，以防止误差和错误的传递。

5.4.2 模型规范性

（1）族样板及命名

以项目要求为准制定的族样板及命名标准。

（2）参数

1）体积：结构基础设置"混凝土方量"参数，将体积值赋予其中。

2）材质：材质命名与图纸一致。

3）信息参数：单位工程；分部工程/子分部工程；分项工程/子分项工程；构件类型；节段编号/桩号/墩号；起点里程桩号/终点里程桩号（线性构件）。

（3）模型交付工作

1）图纸问题报告。

2）工程量核对报告。

3）模型交底报告。

同样，必须在模型完成之后立即完成并审核，防止误差和错误的传递。

6 综合实训

6.1 主要目的

通过前几章的学习，熟练操作软件，并且按照图纸，独立或 2～3 人合作完成桥梁模型的建立。

6.2 主要内容及基本要求

（1）实训任务

1）需要完整建立出图纸中的桥梁及主桥预应力模型。

2）桥梁构件中需要添加位置信息及编号。

3）模型需要添加相应材质。

4）建模过程中遇到的图纸问题记录。

5）构件名称修改。

6）建立工程量核对报告及建模成果报告。

（2）项目概况

桥梁按路线分幅设计。

左幅桥梁全长 943.1m，中心桩号 ZK4＋000，起点桩号 ZK3＋569.7，终点桩号 ZK4＋512.8。

左幅桥孔跨布置：6m×40m 先简支后结构连续 T 梁＋(96＋180＋96)m 预应力混凝土连续刚构＋8m×40m 先简支后结构连续 T 梁。

左幅桥下部构造：主墩采用箱型空心墩接双肢薄壁空心墩，桩基础；过渡墩为矩形薄壁墩，桩基础；引桥 T 梁采用薄壁墩及双柱式圆柱墩，桩基础；两岸桥台采用重力式 U 形桥台，扩大/桩基础。

右幅桥梁全长 909.6m，中心桩号 YK3＋993，起点桩号 YK3＋598.2，终点桩号 YK4＋507.8。

右幅桥孔跨布置：5m×40m 先简支后结构连续 T 梁＋ (96＋180＋96)m 预应力混凝土连续刚构＋8m×40m 先简支后结构连续 T 梁。

右幅桥下部构造：主墩采用箱型空心墩接双肢薄壁空心墩，桩基础；过渡墩为矩形薄壁墩，桩基础；引桥 T 梁采用薄壁墩及双柱式圆柱墩，桩基础；两岸桥台采用重力式 U 形桥台，桩基础。

6.3　时间计划

综合实训时间计划见表 6-1。

综合实训时间计划　　　　　　　　　　　　　　表 6-1

建模内容	时间
建模前准备:图纸熟悉、小组分配建模任务	1 天
参数族建立:桩基、墩柱、系梁、盖梁、桥台	2 天
参数族建立:支座、垫石、悬浇梁	2 天
参数族建立:预制 T 梁	1 天
桥梁定位:下部结构构件放置	2 天
上部结构:引桥梁放置	1 天
上部结构:主桥梁放置、桥面系族建立并放置	2 天
信息参数添加,材质添加,构件名称修改	2 天
主桥预应力模型建立	5 天
模型检查、工程量核对、工程量核对报告编写	2 天
建模成果报告编制	1 天
模型文件整理,成果提交	1 天
合计	22 天

6.4　需提交成果文件

（1）桥梁构件库（族库）。
（2）桥梁放置完成的“.rvt”文件。
（3）主桥预应力模型“.rvt”文件。
（4）图纸问题报告。
（5）工程量核对报告。
（6）建模成果报告。
（7）建模过程记录表。

参 考 文 献

[1] 汪逊. 节段预制拼装桥梁的建筑信息模型（BIM）关键技术研究 [D]. 南京：东南大学，2016.

[2] 王蒙，李军华. BIM 技术在桥梁工程施工阶段的应用 [J]. 公路交通科技（应用技术版），2018，14（10）：61-64.

[3] 吴宏波，刘清，王昆鹏. 桥梁工程全生命周期中 BIM 技术的研究和应用 [J]. 中国公路，2018（07）：68-71.

[4] 马润平，刘杰. BIM 技术在桥梁工程全生命周期的实施路径研究 [J]. 交通科技，2018（06）：79-82.

[5] 张晶鑫. 基于 BIM 的虚拟施工技术及其在桥梁工程中的应用 [J]. 智能建筑与智慧城市，2018（06）：79-80.

[6] http://help.autodesk.com/view/RVT/2018/CHS/